复杂环境 GFRP 配筋混凝土结构原理与实验

孙　丽　张春巍　刘　莉　著

中国建筑工业出版社

图书在版编目（CIP）数据

复杂环境 GFRP 配筋混凝土结构原理与实验/孙丽，
张春巍，刘莉著. —北京：中国建筑工业出版社，
2017.11
　ISBN 978-7-112-21227-9

Ⅰ. ①复… Ⅱ. ①孙… ②张… ③刘… Ⅲ. ①加
筋混凝土结构-配筋工程-研究 Ⅳ. ①TU755.3

中国版本图书馆 CIP 数据核字（2017）第 223084 号

本书从 GFRP 筋的基本力学性能出发，对 GFRP 配筋混凝土结构设计、结构在服役过程中的受力性能开展了系统的分析与探讨，具体内容包括：GFRP 筋的力学性能研究；碱环境下 GFRP 筋受压性能研究；盐环境下 GFRP 筋受压性能研究；GFRP 筋混凝土短柱轴心受压性能试验研究；GFRP 筋混凝土中长柱轴心受压性能试验研究；GFRP 筋混凝土柱偏心受压性能试验研究；海水环境下 GFRP 筋混凝土柱轴心受压性能试验研究。

本书基于理论与试验研究相结合，对 GFRP 筋混凝土结构进行了较为系统的探索与分析，可作为高等院校土木工程专业教师、研究生和高年级本科生的参考书，也可供从事 FRP 结构研究、设计的科研人员和工程技术人员参考。

责任编辑：杨　杰
责任设计：李志立
责任校对：李欣慰　王　烨

复杂环境 GFRP 配筋混凝土结构原理与实验
孙　丽　张春巍　刘　莉　著
＊
中国建筑工业出版社出版、发行（北京海淀三里河路 9 号）
各地新华书店、建筑书店经销
霸州市顺浩图文科技发展有限公司制版
北京圣夫亚美印刷有限公司印刷
＊
开本：787×960 毫米　1/16　印张：10¾　字数：230 千字
2017 年 11 月第一版　　2017 年 11 月第一次印刷
定价：**68.00** 元
ISBN 978-7-112-21227-9
（30864）

前　　言

混凝土自问世以来，已有 150 年的悠久历史，由于钢筋与混凝土这两种材料的温度系数接近，取材容易、耐久性较好、整体性好等特点，钢筋混凝土结构发展迅速，在土木工程中得到广泛的应用，但钢筋混凝土结构抗裂性较差，构件在正常使用时往往带裂缝工作，钢筋往往会被侵蚀离子腐蚀生锈，导致结构承载力降低，甚至失效破坏，严重时会造成重大工程灾害，带来人员伤亡以及重大经济损失。钢筋混凝土结构的腐蚀破坏已成为一个亟待解决的问题。通过大量的科学研究与试验，人们认识到从根本上解决钢筋混凝土结构腐蚀破坏问题，取决于结构材料自身抵抗侵蚀离子的能力，因此世界各国学者不断寻求不仅强度高而且自身耐腐蚀性好的材料以替代钢筋，以期彻底解决混凝土结构腐蚀破坏问题。

纤维塑料增强筋（Fiber Reinforced Polymer，以下简称 FRP 筋）是一种新型材料，由于 FRP 筋密度低、强度高、耐腐蚀、抗疲劳等特点，不仅可以在酸、碱、盐等单一环境条件下很好地使用，而且可以在几种腐蚀性条件同时存在的复杂环境中长期使用，其良好的性能可以从根本上解决混凝土结构中钢筋的锈蚀问题，提高混凝土结构耐久性。其中，GFRP 材料价格低廉，成为最具发展前景的替代钢筋用于混凝土结构的理想加筋材料。

在 GFRP 筋混凝土结构的设计和使用过程中，设计者对 GFRP 筋混凝土结构的力学性能和设计原理缺乏足够的了解，因而不能准确的设计出合理的 GFRP 筋混凝土结构，使得 GFRP 筋混凝土结构的应用受到限制、得不到推广。

本书从 GFRP 筋的基本力学性能出发，理论与试验相结合，对 GFRP 筋及 GFRP 筋结构在设计、使用过程中的工作机理进行了分析与探讨。

全书共分 8 章。第 1 章绪论，介绍了 GFRP 筋和 GFRP 筋结构的研究现状及 GFRP 筋在恶劣环境下的劣化机理与耐久性研究现状；第 2 章介绍了 GFRP 筋的力学性能；第 3 章介绍了碱环境下 GFRP 筋受压性能；第 4 章介绍了盐环境下 GFRP 筋受压性能；第 5 章介绍了 GFRP 筋混凝土短柱轴心受压性能；第 6 章介绍了 GFRP 筋混凝土中长柱轴心受压性能；第 7 章介绍了 GFRP 筋混凝土柱偏心受压性能试验；第 8 章介绍了海水环境下 GFRP 筋混凝土柱轴心受压性能试验。

感谢在本书成书过程中给予巨大帮助的同事以及出版社的编辑。感谢研究生刘威震、杨泽宇、回祥硕、张美娇、朱洁、梁倩倩、谷翠鹏、刘博强、李京龙等对书稿文字的校对工作。

本书是作者和合作者多年的研究工作总结。

本书的研究工作得到了国家自然科学基金项目（51578347）、山东省泰山学者优势特色学科人才团队支持计划项目（鲁政办字［2015］162号）、辽宁省高等学校创新团队支持计划项目（LT2015023）、辽宁省自然科学基金项目（2015020578）、辽宁"百千万人才工程"培养项目（2014901245）和沈阳建筑大学专著基金项目的资助，在此一并表示感谢。

希望本书的出版能够对从事 FRP 结构领域的科研人员、工程技术人员和高校相关专业的师生有所帮助。由于作者水平有限，时间仓促，书中疏漏之处在所难免，恳请读者不吝赐教、指正。

孙丽、张春巍、刘莉

2017 年于沈阳建筑大学

目　　录

第 1 章 绪 论

1.1 概述

混凝土自问世以来，已有 150 年的悠久历史，发展速度迅速、应用广泛，最典型的例子就是钢筋混凝土结构在土木工程中的应用，由于钢筋与混凝土这两种材料的温度系数接近（钢 $1.2 \times 10^{-5}/℃$；混凝土 $1.0 \times 10^{-5} \sim 1.5 \times 10^{-5}/℃$），当温度变化时，钢筋与混凝土之间不会产生较大变形而破坏粘结作用，同时钢筋混凝土结构还有取材容易、耐久性较好、整体性好等特点，但是钢筋混凝土结构也存在很多缺点，主要是钢筋混凝土结构抗裂性较差，构件在正常使用时往往带裂缝工作，钢筋往往会被侵蚀离子腐蚀生锈破坏，导致结构承载力降低，严重时造成重大灾害，带来人员伤亡以及重大经济损失。具体的破坏如图 1.1 所示。钢筋混凝土结构的腐蚀破坏对全世界造成的损失巨大，成为了一个亟待解决的问题[1]。

美国国家材料顾问委员会在 1987 年混凝土耐久性的报告中指出，全美境内超过 20 万座混凝土桥梁都受到了钢筋锈蚀的影响，在这 20 多万座桥梁中有不少工作几年就发生了钢筋混凝土锈蚀胀裂现象，并且仍然以每年 3 万座桥梁的速度递增。有数据统计结果显示，美国 20 世纪 90 年代时期的 60 万座桥中，多数出现钢筋腐蚀现象，经调查是由去冰盐引起的钢筋腐蚀[2]，并且因钢筋腐蚀导致钢筋混凝土结构每年的修复费用达到上百亿美元以上，造成很大的经济损失[3]。与此同时，加拿大有关停车场的混凝土耐久性问题也证实本国的停车场混凝土结构出现腐蚀破坏情况往往非常早，绝大部分都没有达到使用期限。澳大利亚、英国等处于海洋环境与温暖气候条件下的地区，也有类似的统计结果[4]，与它们情况相同的还有很多国家，它们的桥梁、隧道、码头等结构都受到了各种酸碱盐等腐蚀性介质的侵蚀。混凝土耐久性会议也曾经指出过，在全世界范围内钢筋混凝土破坏的因素有酸碱盐等各种强腐蚀性介质对钢筋的化学作用、大气湿度的影响和气候温度的影响等。

由于钢筋腐蚀造成重大经济损失，甚至人员伤亡，世界各国家和地区为防止钢筋锈蚀造成重大损害都相应采取了一些具体措施，尽管整体上取得了一定的成效，但钢筋混凝土结构自身耐腐蚀问题仍然未能彻底解决。通过大量地科学试验研究，人们开始认识到从根本上解决钢筋混凝土结构锈蚀问题，取决于结构材料自身抵抗侵蚀离子的能力，因此世界各国与地区寻求一种不仅强度高而且自身耐

1

图 1.1　钢筋锈蚀导致结构的破坏

Fig. 1.1　Structure failures caused by corrosion of reinforcement

(a) 板下钢筋锈蚀；(b) 墙面钢筋锈蚀；(c) 河堤钢筋锈蚀；(d) 梁下钢筋锈蚀

腐蚀性强的材料，从而彻底地解决钢筋混凝土结构腐蚀问题。

　　纤维塑料增强筋（Fiber Reinforced Polymer，以下简称 FRP 筋）是一种新型材料，由于 FRP 筋密度低、强度高、耐腐蚀、抗疲劳等特点，不仅可以在酸、碱、盐等单一环境条件下很好地使用，而且可以在几种条件同时存在的复杂环境条件中长期使用，发挥了良好性能，这是钢筋难以比拟的，是一种替代钢筋用于混凝土结构中的理想材料，可以从根本上解决混凝土结构中钢筋的锈蚀问题，提高混凝土结构耐久性。20 世纪 60 年代后期，一些学者开始将树脂应用在混凝土中，主要是对树脂聚合物浸渍混凝土的研究，但由于钢筋与树脂聚合物混凝土之间的导热性能有区别，因此不能够广泛运用，存在一定局限性，从而促使人们对 FRP 筋进行深入研究。FRP 筋被土木领域认可开始于 20 世纪 70 年代，到 20 世纪 80 年代，FRP 筋开始应用在土木工程领域中，近年来世界各国土木领域的学者将 FRP 广泛应用在结构加固方面，虽然我国在土木结构中应用 FRP 复合材料起步晚，但发展很快，并取得了丰硕的研究成果。

综上所述，FRP 筋的研究已取得一定的研究成果，在混凝土结构中的应用越来越广泛，在土木工程领域发挥的作用也越来越大，所以需要对 FRP 筋进一步深入研究，将 FRP 筋更合理的应用于混凝土构件中，更好地发挥作用，也能带来良好的经济效益。

1.2　FRP 筋简介

1.2.1　基本情况

FRP 筋是由多股连续长纤维（玻璃纤维、碳纤维、芳纶纤维等）与树脂基体通过一定的化学成型工艺按不同混合比，同时加入促进剂等各种添加剂这一系列步骤拉挤而成[5]。FRP 筋中的多股连续长纤维主要的作用就是增加韧性以及 FRP 筋本身的强度，可以有效地抵御外荷载的作用。FRP 筋中的树脂基体主要的作用就是把多股连续长纤维粘在一起，可以使纤维聚合起来传递荷载同时保护纤维免受伤害。树脂具体种类分为热塑性和热固性，主要有聚酯树脂、环氧树脂及聚酰胺树脂等。目前在工程应用方面，可以根据不同的工程需要，选择不同组分以及最为适宜的微观结构来获得高比强、高比模等优于传统材料的性能，其中应用较为广泛的 FRP 筋主要有碳纤维增强塑料筋（CFRP 筋）、玻璃纤维增强塑料筋（GFRP 筋）及芳纶纤维增强塑料筋（AFRP 筋）[6]，同时还有钢绞线-GFRP 复合筋、CG-FRP 混杂筋[7]、玄武岩纤维增强塑料筋（BFRP 筋）[8]，以及 FRP-OFBG 智能筋[9]等（表 1.1）。

常用纤维的主要力学性能　　表 1.1

Mechanical properties of fiber　　Table 1.1

名称		相对密度	抗拉强度/GPa	模量/GPa	热膨胀系数 10^{-6}/℃	延伸率/%	比强度/GPa	比模量/GPa
玻璃纤维	高强	2.49	4.6	84	2.9	5.7	1.97	34
	低导	2.55	3.5	74	5	4.8	1.37	29
	高模	2.89	3.5	110	5.7	3.2	1.21	38
	抗碱	2.68	3.5	75	7.5	4.8	1.31	28
碳纤维	普通	1.75	3.0	230	0.8	1.3	1.71	131
	高强	1.75	4.5	240	0.8	1.9	2.57	137
	高模	1.75	2.4	350	0.6	1.0	1.37	200
	极高模	2.15	2.2	690	1.4	0.5	1.02	321
芳纶纤维	Kelvar49	1.45	3.6	125	2.5~4.0	2.8	2.48	86
	Kelvar29	1.44	2.9	69	—	4.4	2.01	48
	HM-50	1.39	3.1	77	—	4.2	2.23	55
钢筋	HRB400	7.8	0.42	200	12	1.8	0.05	26
	钢绞线	7.8	1.86	200	12	3.5	0.24	26

日本曾经研制了碳纤维绞线以及棒形碳纤维这两种碳纤维增强塑料筋。通过对纤维进行拉挤，可以生成棒形碳纤维，其表面一般有三种处理形式，光滑、缠丝、勒痕。通常棒形碳纤维的抗拉强度为 2000MPa，弹性模量大约为 150GPa，极限延伸率为 2%，大部分筋的直径为 12mm，10mm，8mm。对于碳纤维绞线，主要是由多股单向纤维拉挤而成，而一股纤维组成的纤维筋一般直径较小。

常用树脂基体的性能 表 1.2

Properties of resin matrix Table 1.2

名称	相对密度	抗拉强度/GPa	模量/GPa	延伸率/%	抗压强度/MPa	抗弯强度	特性
环氧	<1.15	<85	3.2	5	<110	<130	粘结力强、浸润性好
酚醛	1.3	42~64	3.2	2	<110	<120	耐高温、绝缘、廉价
聚酯	<1.4	<71	2.1~4.5	5	<190	<120	工艺性能好、廉价
聚酰胺	1.1	70	2.8	60	90	100	热塑性好树脂
聚丙烯	0.9	35~40	1.4	200	56	<56	热塑性好树脂

AFRP 筋主要有拉挤型芳纶纤维筋、预应力芳纶纤维筋和编织型芳纶纤维筋三种。

预应力芳纶纤维筋与拉挤型芳纶纤维筋都是由日本研制发展的。拉挤型芳纶纤维筋相比前者应用更加的广泛，种类也更加多样化。光圆的极限强度为 1800MPa，弹性模量为 50GPa。对于绞线，其强度最大值为 2000MPa，弹性模量达到 40GPa，而且绞线的延伸率远高于其他种类的 FRP 筋。

对于不同 FRP 筋，其性能各不相同，然而 FRP 材料还是有一定的内在联系也具有一定相似的地方。不同种类的 FRP 筋、钢筋、钢绞线具体力学性能指标，FRP 材料耐久性指标见表 1.4。

FRP 筋、钢筋、钢绞线力学性能指标 表 1.3

Mechanical properties of FRP bars、steel bars and steel strand Table 1.3

材料种类	普通钢筋/MPa	钢绞线/MPa	GFRP 筋/MPa	AFRP 筋/MPa	CFRP 筋/MPa
极限抗拉强度	490~700	1400~1890	480~1600	1200~2550	600~3700
屈服强度	280~420	1050~1400			
受拉弹性模量	210	180~200	35~65	40~125	120~580
极限延伸率	>10.0	>4.0	1.2~3.1	1.9~4.4	0.5~1.7
轴向温度膨胀系数	11.7	11.7	8.0~10.0	−6.0~2.0	0.6~1.0
横向温度膨胀系数	11.7	11.7	23.0	30.0	25.0
应力松弛率		3.0	1.8	7.0~20.0	1.0~3.0

FRP 材料的耐久性能指标   表 1.4

The durability indicators of FRP material   Table 1.4

	CFRP	AFRP	GFRP
耐酸性能	100%	70%	100%
耐碱性能	95%	92%	15%
冻融循环	100%	100%	100%
紫外线辐射	100%	45%	81%
高温性能	80%	75%	80%
动态疲劳	85%	70%	23%

从表 1.4 中可以看出，FRP 材料的韧性要低于钢筋及钢绞线，但是极限抗拉强度却相对较高，温度膨胀系数也高出钢筋许多；FRP 材料不易发生疲劳破坏。CFRP 材料的耐久性能要高于 AFRP 与 GFRP 材料，更加不易受外界环境的影响。AFRP 材料对于紫外线辐射的影响比较敏感，而 GFRP 材料的耐碱性和耐疲劳性较差。图 1.2 为不同种类的 FRP 筋图片。

1.2.2 FRP 筋优缺点与应用

FRP 筋与人们广泛使用的钢筋具有很多不同的特点。为了能够更好地在建筑工程领域发挥其作用，充分体现其优越性和掌握 FRP 筋的优缺点是非常有必要的。

(1) FRP 筋的优点

① 轻质高强。纤维材料的比强度（拉伸强度/比重）较高，一般为钢材的 20～50 倍，轻质高强性能十分显著。FRP 筋中以 CFRP 筋抗拉强度最高，一般能够达到 1500～2400MPa，远远高于普通钢筋，而密度仅仅为钢筋的 1/6～1/4。

② 耐腐蚀性能好。由于树脂基体对纤维提供了很好的保护作用，FRP 筋具有良好的耐腐蚀能力，能够抵抗大气、水和一定浓度的酸、碱、盐溶液的侵蚀。这一点在化工建筑、沿海建筑和地下建筑等工程结构中已得到实践证明。

③ 电磁绝缘性好。FRP 材料在高频下能够保持良好的介电性，微波透过性好，在一些特殊建筑（如雷达站、地磁观测站、医疗核磁共振设备结构等）中，用以替代钢筋显得尤为合适。

④ 抗疲劳性能良好。通过抗疲劳性能试验证明，CFRP 筋和 AFRP 筋的抗疲劳性能都远远优于钢筋，而 GFRP 筋略低于钢筋，但也能够满足结构构件对抗疲劳性能的要求，具有较长的使用寿命。

⑤ 成型工艺简单、灵活，可设计性好。FRP 筋可以根据不同的使用环境及特殊的性能要求，灵活选择成型工艺，设计出不同形式的结构产品，基本上可满

图 1.2 不同种类的 FRP 筋

Fig. 1.2 Different types of FRP bars

（a）AFRP 筋；（b）GFRP 筋；（c）CFRP 筋；（d）BFRP 筋

足各种不同工况下的产品使用性能要求。同时 FRP 产品制作一次成型，有别于金属材料使用前所需进行的二次加工，大大降低了产品加工处理过程中的物质消耗，从而减少人力物力的浪费，更凸显其工艺优越性。

（2）FRP 筋的缺点

① 脆性破坏。FRP 筋为线弹性材料，在进行拉伸、压缩性能试验过程中不存在屈服阶段，呈现脆性破坏特征，破坏突然，没有预兆，导致在工程应用中结构安全性降低。

② 弹性模量相对较低。FRP 筋的弹性模量一般约为钢筋的 25%～75%，与钢筋相比，FRP 筋在受力过程中出现较大的变形，不能按照传统的强度设计理论进行 FRP 筋混凝土结构设计，致使 FRP 筋强度高的性能得不到充分发挥。

③ 抗剪强度较低。FRP 筋沿纤维方向和垂直纤维方向上剪切强度有很大差

异，层间拉伸强度和层间剪切强度仅为抗拉强度的 5%～20%，使得应用中 FRP 构件间的连接成为突出问题，在配有 FRP 筋的混凝土结构中，必须考虑由 FRP 筋抗剪能力不足而对混凝土结构破坏造成的影响。

④ 热稳定性能较差。作为基体的树脂大多在高温下会发生软化，当工作温度超出一定范围后，FRP 筋的抗拉强度将会显著下降。通用聚酯 FRP 筋在 50℃ 以上强度明显下降，通用型环氧 FRP 一般不宜超过 60℃，采用耐高温树脂后，长期工作温度可以达到 200～300℃，但就防火性能来说，还需要进一步进行改进研究。

⑤ 老化现象明显。作为塑料产品的共同缺陷，在紫外线、化学介质、风沙雨雪、机械应力等作用下，将会出现不同程度的老化现象，容易造成力学性能降低。

⑥ 横向热膨胀系数较大。由于纤维与树脂两种组分的特性，FRP 筋纵向热膨胀系数较低，但横向热膨胀系数较大，进而导致 FRP 筋与混凝土间的粘结性能受温度影响较明显。

(3) FRP 筋的应用

作为一种性能优越的新型复合材料，FRP 筋应用范围十分广泛[10]-[14]：

① 利用其轻质高强耐腐蚀的特性，可用作大跨度混凝土桥梁大梁和板中的配筋或外部加固筋，还可用作超大跨度桥梁的拉索，有效降低结构自重的同时，避免普通钢筋所带来的锈蚀问题。

② 用作预应力筋，在预应力构件中可以有效减小由混凝土徐变和收缩引起的预应力损失。

③ 用作水泥路面的加强筋，能够有效降低由除冰盐所造成的普通钢筋锈蚀引起的混凝土路面剥落问题，提高路面的使用性和耐久性。

④ 由于 FRP 筋阻燃、抗静电、易切割且不产生火花，可以用作煤矿等坑道的临时支护以及地铁项目中盾构端头井围护结构。

⑤ 利用 FRP 筋封装 FBG 所具备的智能特性，将其应用于大型结构受力筋时，能够实时监测结构工作状态，及时进行修复、加固，提高结构安全性。

⑥ 用作地锚，应用于山体锚固工程。

1.3　FRP 筋研究现状

1.3.1　国外研究现状

(1) FRP 筋的力学性能研究

Uomoto 等人[15]在 40℃ 的碱溶液下，将 GFRP 筋浸泡 120d 后，对筋体进行

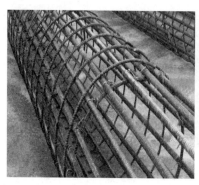

图 1.3　工程应用中的纤维筋

Fig. 1. 3　The application of FRP bars in civil engineering

拉伸试验，试验结果表明，浸泡后的 GFRP 筋拉伸强度损失严重，浸泡后的拉伸强度仅为原 GFRP 筋拉伸强度的 30%，主要原因是在碱溶液中长时间浸泡，造成了筋体产生裂缝，钠离子进入了筋体的内部。国外一些学者[16]利用 FRP 筋与光纤光栅相结合制作出新型多功能材料，利用 FRP 筋材料本身的特性与光纤光栅的灵敏性制作出监测材料，这种材料比传统的应变片更有优势，可以用来长期的结构健康监测。Nanni 等[17]人对各种 FRP 筋进行了静态拉伸性能试验，由试验结果绘制出玻璃纤维筋、芳纶纤维筋、聚乙烯纤维筋各自应力与应变关系曲线，根据各自应力-应变曲线得出各自材料的弹性模量、材料泊松比、各材料相对应的极限拉伸长度以及极限强度。D. H. Deitz 等[18]人对 GFRP 筋进行受压试验研究，由试验结果推导出了 GFRP 筋极限抗拉承载力与压缩长度之间的计算公式。Rfalabella[19]对各种环境下应用的玻璃纤维进行抗拉强度试验，结果表明在臭氧、盐水、碱性、高温、紫外线等条件下，玻璃纤维的抗拉强度没有明显下降。Nardone. Fabio 等[20]将 GFRP 布放置于水中，测量不同水温下 GFRP 布的拉伸强度，试验结果表明，随着水温增加，GFRP 布层数对拉伸强度的影响减弱；Baena. M 等[21]人对 GFRP 筋加固混凝土试件进行拉伸强度试验，证明 GFRP 筋配筋率对试件的裂缝以及试件变形情况均有影响。Rahman 等[22]研究了 CFRP 材料处于 50% 极限荷载下浸泡在氯化钠溶液中的耐久性能，结果表明在荷载作用下，材料在腐蚀性介质中将会提前发生破坏。Mallick 等[23]对 FRP 筋进行抗压强度、抗拉强度试验，试验结果表明，不同种类的 FRP 筋抗压强度、抗拉强度不同，其中 CFRP 筋抗压强度是抗拉强度的 2/3，GFRP 筋的抗压强度是抗拉强度的 1/2 左右，而 AFRP 筋的抗压强度不足抗拉强度的 1/5。

（2）FRP 筋的粘结滑移试验研究

　　Katz[24]对不同表面形式的 FRP 筋混凝土试件进行粘结滑移性能试验，并将钢筋混凝土试件作为参照对比，结果表明，表面形式为横肋的 FRP 筋，与混凝土间的粘结强度相对较高。表面经过处理的 FRP 筋与混凝土间粘结强度，比光面筋与混凝土间粘结强度高。在 FRP 筋混凝土试件受力过程中，FRP 筋与混凝土之间发生粘结破坏，试验结果表明表面横肋的 FRP 筋与混凝土间的剪切强度，比螺纹钢筋与混凝土间剪切强度低，因此 FRP 筋与混凝土之间的粘结关系公式不能直接按照传统的钢筋与混凝土的粘结公式进行推导计算。

正常使用状态下，FRP 筋与混凝土的粘结性能好坏决定 FRP 筋的强度是否可以完全地发挥出来。所以很有必要对 FRP 筋和混凝土的粘结性能进行研究。20 世纪 80 年代左右美国的 Pleim 等人开始对 FRP 筋进行拉拔试验并且得出了 FRP 筋的锚固长度模型，而后不久 RalPh 又通过拉拔试验对 Pleim 的数学模型进行进一步的修正，使之更加合理。Chal 通过理论推导及试验得出了另一种的 FRP 筋锚固长度模型，同时和钢筋与混凝土的粘结性能进行了比较。

对于 FRP 筋与混凝土的粘结性模型有两大类：试验模型和理论模型。但是理论模型由于太多的参数无法确定并不能很好的应用于实际工程当中，所以基于实际工程和理论试验的经验模型出现了。经验模型指出混凝土保护层厚度、FRP 筋表面特征、混凝土强度、FRP 筋的埋长都是影响其与混凝土粘结性的主要因素。Faoro 等人指出通过对材料系数的修正，FRP 筋混凝土的粘结性能可以用钢筋混凝土的粘结滑移模型来进行研究。Malvar 通过研究得出了 FRP 混凝土粘结滑移本构关系模型。

针对 FRP 筋直径对于粘结性能的影响问题，B. Tighiouar 指出，FRP 筋表面包裹的混凝土会随着 FRP 筋直径的增大导致泌水现象越来越严重，这将直接导致混凝土与 FRP 筋之间的粘结性能降低。高丹盈等人研究发现，截面周长与 FRP 筋混凝土的粘结面积成正比关系，而截面面积与拉力成正比，根据两者比值大小反映出 FRP 筋相对粘结强度。一般情况下，纤维聚合物筋的锚固长度越长，越容易发生受拉破坏。当锚固长度较小时，拔出破坏就更容易发生。由于增强纤维塑料筋的剪切刚度很小，所以其自身直径大小会很大程度上影响它与混凝土的粘结应力大小。直径较大时，纤维增强塑料筋的筋体截面边缘与形心应变会有所不同，从而导致 FRP 筋横截面上面的正应力分布的并不十分均匀，叫作剪切滞后。

混凝土强度对于粘结性能的影响问题：大量粘结性能试验都说明混凝土与钢筋的化学胶着力会随着混凝土的强度提高而增大，并且二者之间的机械咬合力也会随着混凝土强度等级的提高而提高。与钢筋相比，FRP 筋的表面形式以及材质构成都有所不同，其弹性模量仅为钢筋弹性模量的四分之一左右，上述因素直接导致 FRP 筋混凝土结构的粘结性能与钢筋混凝土有较大差异性。所以进一步研究混凝土强度等级对于粘结性能的影响是非常重要的。B. Brahim 和高丹盈曾经研究了混凝土与 FRP 筋在不同的混凝土强度下，粘结性能的变化情况。实验结果表明：并不能证明 FRP 筋混凝土的粘结强度与混凝土抗压强度平方根呈线性关系，这主要是由于钢筋混凝土与 FRP 筋混凝土二者的拉拔机理的差异以及混凝土的差异等。

保护层厚度的影响：混凝土保护层厚度是指 FRP 筋的外表面距混凝土外表面的垂直距离。混凝土保护层厚度是影响纤维增强塑料筋与混凝土粘结破坏形式的因素之一。增加混凝土的抗劈裂能力的方法之一就是增大混凝土保护层厚度。保护层过小的，大部分会发生混凝土劈裂破坏，纤维聚合物筋混凝土结构的粘结极限承载力也会降低。混凝土保护层厚度增大，大部分试件将不再发生劈裂破坏，试件的破坏形式主要分为拉断破坏或者纤维增强塑料筋被拔出破坏。Larml-de J. 等[25]对 GFRP 筋进行中心拉拔试验，试验结果表明，改变 GFRP 筋的锚固长度对试件的破坏状态有很大影响，当锚固长度较小时，当 GFRP 筋被拔出后出现两条纵横裂缝，当锚固长度较大时，GFRP 筋拔出后试件整体破碎，并且粘结应力随锚固长度增加而增大；S. kocaoz 等[26]对不同表面形式的 GFRP 筋进行拉伸试验研究，试验结果表明，表面形式对 GFRP 筋拉伸强度有一定影响，表面经过处理的 GFRP 筋拉伸强度增加，并且研究发现拉伸强度服从高斯分布；J. Y. Lee 等[27]对 GFRP 筋进行循环拉拔试验，试验研究表明，在单次循环拉拔作用下的强度，比循环荷载作用下的强度衰减略减轻。Malrar 等[28]进行 FRP 筋与混凝土粘结滑移试验研究，在改进 BPE 模型的基础上给出了一种新的本构模型，此本构关系模型更加精确。B. Tighiouart 等[29]对 FRP 筋的直径对 FRP 筋与混凝土间的研究表明，粘结力随直径增加，粘结力减小。Malvar 等[30]研究了表面形式对 FRP 筋与混凝土间粘结力的影响，证明 FRP 筋的肋高是影响粘结力重要因素之一。

国外研究学者通过变换各种因素包括不同的试验方法、不同种类的筋、表面情况不同的筋、不同的环境下来研究纤维增强复合材料与混凝土粘结性能的变化情况。结论指出不同种类的 FRP 筋与混凝土的粘结性能有很大不同而且粘结破坏形式也有区别；表面处理情况不同的 FRP 筋也会对与混凝土的粘结性能产生一定的影响，比如粘砂处理的纤维筋以及带肋纤维筋与混凝土的粘结性能就要高于光圆筋。

另有学者深入研究了纤维增强复合材料筋的截面尺寸效应，探讨不同截面尺寸情况下筋的抗拉极限强度的变化情况。结论指出：对于玻璃纤维筋，截面尺寸从 10mm 增加到 23mm 的时候，GFRP 筋的极限抗拉强度会下降 2/5，但是相对于芳纶纤维筋和碳纤维筋，截面尺寸与极限抗拉强度的关系就更加的复杂。研究发现 FRP 筋受压破坏主要有剪切破坏、斜拉破坏。其中，CFRP 筋与 GFRP 筋的抗压性能较 AFRP 筋好，分别超过自身抗拉强度的 75%、50%，而 AFRP 筋的抗压强度只占自身抗拉强度的 20%。

（3）FRP 筋混凝土梁试验研究

Edward[31]等人对 FRP 筋简支梁以及 FRP 筋连续梁的挠度进行研究，试验研究表明，同等受力情况下，FRP 筋混凝土梁产生的挠度大于钢筋混凝土梁的挠度。

（4）FRP 筋混凝土柱试验研究

Diss. Davoudi 等[32]对预应力 FRP 筋小截面棱柱进行试验研究，由于 FRP 筋弹性模量较小，因此当 FRP 筋混凝土柱出现裂缝以及很大挠度时，FRP 筋混凝土柱的抗弯强度会明显下降，但通过提高 FRP 筋的配筋率，可以提高 FRP 筋混凝土柱的极限强度。Saataioglu 等[33]研究了 FRP 筋混凝土柱偏心受力性能，试验中将钢筋混凝土偏心柱作为对比件，试验结果表明，同等条件下，FRP 筋混凝土柱产生的裂缝宽度比钢筋混凝土柱的裂缝宽度要大，并且 FRP 筋混凝土偏心柱最终是以侧向失稳导致破坏，而钢筋混凝土偏心柱则是混凝土被压碎而导致破坏。Choo 等[34]人对 FRP 筋混凝土柱进行有限元模拟，证明无论何种种类 FRP 筋混凝土柱，根据承载力与弯矩关系曲线很难界定大、小偏心，同时 FRP 筋在配筋率较低情况下，容易出现拉断破坏现象。Paraman antham 等[35]人研究了 FRP 筋混凝土轴心受力性能，试验中 FRP 筋混凝土柱采用不同箍筋间距，结果表明，箍筋间距对最终承载力影响很小，并且试件中的 FRP 筋基本没有断裂破坏；Kobayashi 等[36]指出，FRP 筋对混凝土柱极限承载力影响很小。Y. M. Cheng 等[37]对 FRP 加筋混凝土柱进行受弯试验研究，试验研究结果表明，经过 FRP 筋加固后的混凝土柱，抗弯能力增强。Joel Brown 等[38]对 GFRP 筋混凝土柱进行耐腐蚀试验，试验中将 GFRP 筋混凝土柱浸泡于盐水中，浸泡后的 GFRP 筋柱仍具有良好的抗压承载力，在高腐蚀环境中，GFRP 筋可以取代钢筋应用到混凝土结构中。

（5）FRP 筋火灾高温试验研究

Gardiner, C. P. 等人[39]通过削减规则，得出局部火灾损失对 FRP 筋抗拉强度、抗压刚度影响关系模型。Griffis. C 等[40]对 CFRP 进行耐火性能试验，给出了导热系数等参数随温度的变化关系曲线，CFRP 筋材料各点参数一致并呈现出很强的方向性，同时纵向热膨胀系数小于横向热膨胀系数；F. crea 等[41]对 GFRP 筋进行耐高温性能试验，试验结果表明，GFRP 筋的抗拉强度随温度升高而降低，而 GFRP 筋的弹性模量随温度的变化规律性不明显。

1.3.2 国内研究现状

（1）FRP 筋的力学性能研究

张新越、欧进萍等[42]对常温状态下 GFRP 筋进行拉伸试验，试验结果表明，GFRP 筋的弹性模量随纤维含量增加而增加，但当纤维含量达到 60％以上时，强度、弹性模量受纤维含量的影响不再明显，并且研究也表明在相同纤维含量情况下，环氧GFRP筋的强度比聚酯GFRP筋高，弹性模量比聚酯GFRP筋要低，延性比聚酯GFRP筋要好。薛伟辰等[43]在60℃温度下采用0%、25%、45%的应力水平模拟GFRP筋在Ca(OH)$_2$、NaOH、KOH三种混合的强碱环境下的侵蚀情况，分别侵蚀3.65d、18d、36.5d、92d、183d，结果表明，侵蚀后的GFRP筋内部结构变疏松，并且这种疏松程度随着应力水平以及侵蚀时间增加变得越来越明显，在0%、25%的应力水平下，GFRP筋在侵蚀183d后抗压强度分别减少48.81%、55.56%，无应力作用下的GFRP筋在侵蚀36.5d、92d、183d后，抗拉强度分别减少27.87%、39.71%、48.81%，25%应力水平下的GFRP筋与无应力作用的GFRP筋相比，GFRP筋侵蚀明显，抗拉强度分别减少5.46%、6%、6.75%，45%应力水平下分别侵蚀36.5d、92d后的GFRP筋与无应力作用的GFRP筋相比，GFRP筋抗拉强度分别减少9.83、8.2%。吴刚等[44]将环氧树脂基体复合筋（BE筋）和乙烯基酯树脂基体复合筋（BV筋）在60℃温度、pH值为12.9的碱性环境下侵蚀，分别测试15d、30d、45d后的拉伸力学性能，结果表明，无论是BE筋还是BV筋，在碱溶液环境下强度下降，并且BV筋比BE筋强度下降明显，两种玄武岩纤维增强树脂基复合筋材（BFRP筋）的弹性模量基本不变，BE筋比BV筋耐碱性能好，两种筋的强度下降主要原因是纤维与树脂的粘结作用下降，不再更好地协同工作；薛伟辰、付凯等[45]模拟混凝土环境，在40℃、60℃、80℃温度下，分别测定侵蚀3.65d、18d、36.5d、92d、183d后GFRP筋抗压性能变化，研究表明，GFRP筋在侵蚀183d后，在40℃、60℃、80℃温度下，抗压强度分别下降29.59%、39.12%、47.62%，弹性模量分别降低10.12%、12.47%、19.06%，主要原因是GFRP筋中的纤维与树脂之间出现脱粘，并且脱粘程度随温度提高而提高，研究也表明GFRP筋中的SiO$_2$含量随着侵蚀时间增加不断减少。张新越等[46]在最小循环应力与最大循环应力之比R=0.5和R=0应力率下，选用70%的极限拉伸应力进行CFRP筋常温疲劳试验，绘制CFRP筋疲劳寿命曲线，研究表明，在R=0.5应力率、70%极限拉伸应力作用下，最大循环应力下降5%，CFRP筋疲劳寿命增长10倍，在R=0应力率、60%极限拉伸应力下，CFRP筋疲劳寿命是R=0.5应力率下CFRP筋疲劳寿命的1%。在R=0应力率、50%极限拉伸力下，CFRP筋疲劳寿命是R=0.5应力率下CFRP筋疲劳寿命的1/10。龚永智等[47]对国产CFRP筋和进口CFRP筋在海水浸泡环境下进行受压性能试验研究，试验研究表明，CFRP筋具有较高的抗压性能，同时CFRP筋的抗压极限应变比混凝土抗压极限应变大；经过110d和210d海水浸泡后，CFRP筋的抗拉强度、受拉弹性模量、延伸率几乎不变，而抗压强度下降8.5%、14.5%。欧进萍等[48]对FRP筋在酸、碱、盐介质条件下的耐腐蚀情况进行了研究，FRP筋在三种不同腐蚀介质中进行，腐蚀介质分别为 pH=13.5 的 NaOH、Ca (OH)$_2$ 碱性溶液，pH=3 的 HCl 溶液，浓度为 7％的 NaCl 和 CaCl$_2$ 溶液。试验结果表明，在酸、盐介质条件下 GFRP 筋仍具有很好的性能，而无论是酸、碱介质还是盐介质条件下 CFRP 筋都仍能保持良好的性能。另外，对 FRP 筋的冻融耐久性进行试验研究，采用快速冻融试验机对 GFRP 筋进行冻融试验，温度从零下17.8℃至 7℃，试验结果表明，冻融后的 GFRP 筋以及 CFRP 筋强度、刚度几乎不变，具有很好的抗冻融性。朱虹等[49]研究了 AFRP 筋的力学性能，证明弯折的 AFRP 筋极限抗拉强度偏低，加载方式对 AFRP 筋弹性模量有影响，加载速度对 AFRP 筋的应力-应变曲线关系、弹性模量有影响，加载速度越快，应变发展越不充分，加载方式影响 AFRP 筋应力-应变关系，不同张拉控制应力水平对AFRP 筋松弛率不同，随着张拉控制应力增加而增加。黄广龙等[50]通过对 FRP-FBG 智能复合筋进行拉伸试验，分析 FRP-FBG 智能复合筋的力学性能，又进行FRP-FBG 智能复合筋温度试验，分析筋体应变和温度的传感特性，最终试验研究表明，FRP-FBG 智能复合筋中的 FRP、FBG 各自的特性不变，FRP 与 FBG相容性很好，并且 FRP-FBG 智能筋的（测量）精度很高，是裸光栅温度传感灵敏度系数的 2.16 倍，FRP 筋的环氧树脂在高温下受热软化，但对 FBG 影响很小，因此 FRP-FBG 智能筋可以进行温度修正或者温度补偿。

（2）FRP 筋的粘结滑移试验研究

薛伟辰、郑乔文等[51]进行梁式试验、拉拔试验、标准拉拔试验，研究表明，GFRP 筋试件的粘结应力-位移曲线分为微滑移段、滑移段、下降段、残余段四个阶段，并且粘结应力-位移曲线极值点、滑移点的滑移量，随直径以及粘结长度增加而减少，弹性、峰值、残余等滑移点的粘结应力有下降趋势，并且提出的粘结滑移本构模型公式简单、物理意义清晰。丁一宁等[52]对加入不同纤维的试件进行粘结性能试验，试验结果表明，加入钢纤维和聚丙烯长纤维的试件与不加入纤维试件相比粘结性能提高；同时，GFRP 筋与混凝土之间的粘结作用以及韧性，受到加入的纤维数量以及纤维表面摩擦系数影响，加入的钢纤维越多，GFRP 筋与混凝土之间的粘结强度相对越高，纤维表面的摩擦系数越大，粘结作用越好。由试验直接得出 FRP-混凝土截面粘结滑移有很大困难，陆新征等[53]提出细观单元模型，通过细观单元有限元法进行研究，这种模型是将混凝土单元划分成很多小的网格，通过模拟界面破坏过程，从而得到 FRP 应变分布情况、界面滑移情况，粘结滑移曲线分成上升段、下降段两部分，界面粘结滑移模型曲线形状通过比较 FRP 应变加以验证，粘结滑移模型准则的有效性可以通过比较最终破坏时的承载力加以验证。通过这种模型计算得出的剥离强度等数据与试验结果吻合良好，提出的这种界面粘结滑移模型更加精确。曹双寅等[54]对纤维复合材料与混凝土的粘结滑移关系进行研究，试验采用 ESPI 技术对结合合面的变形场进行测试，粘结滑移曲线由上升段和下降段两部分组成，应力强度与混凝土强度有关，达到极限荷载时的滑移受混凝土强度、FRP 形式影响不明显，并且该关系曲线的基本模式包括初始刚度、应力峰值等控制参数。

（3）FRP 筋混凝土板试验研究

高丹盈等[55]进行了体外预应力 FRP 筋加固后的混凝土单向板试验，体外预应力 FRP 筋对单向板的抗裂性能、刚度有影响，并且单向板刚度及抗裂性能随 FRP 筋配筋率增大而提高，参照有关规范，提出使用体外预应力 FRP 筋混凝土单向板开裂荷载、刚度的计算方法。郑愚等[56]对 GFRP 筋混凝土桥梁面板进行加载试验研究，按 1∶3 比例缩小桥梁结构，GFRP 的弹性模量与混凝土接近，两者能够很好地协同工作；对比钢筋混凝土桥梁面板，GFRP 筋混凝土桥梁面板的裂缝宽度小，GFRP 筋桥面板由于板内压缩薄膜效应作用，破坏通常为冲切破坏，冲切破坏的突发性随横向约束刚度增加而增加，板内压缩薄膜效应对桥面板结构承载能力有显著影响；改变支撑梁尺寸，增加横向刚度能显著提高结构体系的强度，配筋率以及配筋材料的改变对 GFRP 筋桥面板承载力影响不显著，GFRP 筋在混凝土桥梁板中能很好地发挥作用。李春红等[57]对 GFRP 筋混凝土板进行了抗弯性能试验，试验制作 GFRP 筋混凝土板与普通混凝土板各 3 块，采用四点加载试验，试验结果表明，GFRP 筋板的混凝土受压区比钢筋混凝土板混凝土受压区小，且 GFRP 筋混凝土板比钢筋混凝土板的裂缝多且分散，在达到屈服荷载时，钢筋混凝土板的裂缝宽度比 GFRP 筋混凝土裂缝宽度增速快。朱坤宁等[58]对纤维增强复合材料桥面板进行静载试验，FRP 桥板长 2 米，两端简支，中间受均布荷载，荷载-跨中挠度关系曲线呈线性关系，卸载后变形基本可以恢复，通过有限元分析结果与试验结果对比可知，两者基本吻合。

（4）FRP 筋混凝土梁试验研究

何小兵等[59]对纤维增强复合材料混凝土梁进行弯曲性能研究，外贴 GFRP 筋和 CFRP 筋混杂材料的加固梁与普通梁相比，其开裂荷载提高 32%、极限荷载提高 172%。与单一 FRP 筋加固梁不同，外贴 GFRP 筋和 CFRP 筋混杂材料的加固梁有明显的屈服台阶，呈延性破坏特征，并且在各种 GFRP 筋和 CFRP 筋混杂方式中，U 型混杂外贴加固方式效果最好；宋洋等[60]通过玄武岩 FRP 筋混凝土梁与钢筋混凝土梁的加载对比试验，证明玄武岩 FRP 筋梁破坏特征类似于适筋梁破坏，具有较好的延性；玄武岩 FRP 筋混凝土梁与钢筋混凝土梁相比，开裂荷载降低，极限荷载降低、裂缝间距变大；董坤等[61]运用 ANSYS 软件对 CFRP 筋加固混凝土梁进行有限元分析，分析结果表明，荷载比、加固量、涂层厚度等对不同防火材料保护下试件的跨中挠度有影响，跨中挠度随荷载比的增加而增加，随加固量的增加而增加，随涂料厚度增加而减小，随高跨比的增加而减小。张延年等[62]对表面内嵌 FRP 筋加固混凝土 T 型梁进行受弯试验，在混凝土结构表面开槽，将 FRP 等内嵌槽内，并通过黏结剂进行粘结，从而加固混凝土梁，试验考虑不同混凝土等级、不同钢筋配筋率、不同 FRP 筋直径、不同 FRP 筋表面特征等因素对混凝土梁的影响，试验结果表明，钢筋配筋率、FRP 筋直径对试件承载力有影响，试件承载力随 FRP 筋直径增加而增加，随钢筋配筋率增加而增加，另外，内嵌螺旋 GFRP 筋的梁极限承载力比内嵌光圆 GFRP 筋梁承载力要好，说明承载力同时受 FRP 筋表面特征的影响。CFRP-PCPs 复合筋具有高强耐腐、抗压强度高等优点，张鹏等[63]对 CFRP-PCPs 复合筋混凝土梁进行抗弯性能加载试验，设计了 6 根简支梁，其中 1 根梁作为基准梁参照对比，1 根无预应力 CFRP-PCPs 复合筋梁，另外 4 根为不同预应力 CFRP-PCPs 复合筋梁，试验结果表明，CFRP-PCPs 复合筋在梁受力过程中能很好发挥预应力效果，提高混凝土梁抗裂性能，梁的整体抗裂性能与控制裂缝能力随预应力增加得到很好的提高，增加复合筋截面尺寸，对抗裂性能有一定改善，但却不明显。郭子雄等[64]对表层嵌埋 CFRP 筋组合石梁进行试验研究，试验制作了 26 个试件，分别考虑 CFRP 筋直径大小、嵌埋长度、粘结保护层厚度等参数对试件粘结性能的影响，试验结果表明，嵌埋长度、粘结剂保护层厚度、CFRP 筋直径对试件破坏方式有影响，分别为 CFRP 筋拉断破坏、界面滑移破坏和劈裂破坏；嵌埋长度对极限荷载平均粘结强度有影响，基本锚固长度与 CFRP 筋直径有关。丁亚红等[65]对内嵌预应力 CFRP 筋加固混凝土梁进行静力加载试验，共设计 10 根混凝土梁试件，1 根未加固梁作为对比参考，另外 9 根试件分成 3 组，第一组施加 30% 的初始预应力，第二组施加 45% 的初始预应力，第三组施加 60% 的初始预应力，试验结果表明，屈服荷载值与加固量、初始预应力水平有关，预应力水平、加固量都能提高试件的极限荷载，加固量对极限荷载的影响更显著，试件挠度随加固量的增加而减少，同时与加固试件相比，内嵌预应力 CFRP 筋试件的极限荷载分别提高 303.17%、155.6%、159.1%，内嵌预应力 CFRP 筋使试件能有效减少变形，延缓裂缝发展。

(5) FRP 筋混凝土柱试验研究

龚永智、张继文等[66]进行了 CFRP 筋混凝土轴心受压试验，试验研究表明，前期加载时，CFRP 筋与混凝土共体协调工作，两者之间的粘结作用力较好，随着荷载增加，CFRP 筋与混凝土之间的粘结作用力减弱，达到极限荷载时，混凝土先于纵筋破坏，CFRP 纵筋与箍筋皆没有断裂破坏，此外还证明，箍筋间距越小对 CFRP 筋影响越大，可防止试件过早受压屈服破坏。谷倩等[67]进行了喷射混杂玄武岩-碳纤维增强复合材料加固震损混凝土框架柱试件在低周水平往复荷载作用下抗震试验，试验设计了 3 根试件，其中 1 根作为对比试件，另外 2 根预损后再进行喷射混杂玄武岩-碳纤维加固，经试验证明，震损后的框架柱经喷射混杂玄武岩-碳纤维复合材料加固后，基本恢复未震损前的承载能力。喷射玄武岩-碳纤维复合材料加固的框架柱在塑性阶段可以有效延迟损伤累积，喷射玄武岩-碳纤维复合材料加固的框架柱基本维持震害损伤前良好的抗震变形和耗能能力，可以有效推迟框架柱刚度退化速度，有效提高框架柱耗能能力，充分发挥混杂玄武岩-碳纤维材料的抗拉作用，延缓裂缝发展。

（6）FRP 筋火灾高温下试验研究

吕西林等[68]进行火灾高温下 GFRP 筋与混凝土之间粘结性能试验研究，试验结果表明，GFRP 筋与混凝土之间的粘结作用力不仅受混凝土强度的影响，随混凝土强度增加而增大，同时也受骨料粒径的影响，粒径大的骨料混凝土与 GFRP 筋之间的粘结作用力较大。GFRP 筋与混凝土之间的粘结性能同时受温度的影响，随温度升高而降低，高温下的 GFRP 筋恢复到室温后，其粘结强度几乎恢复到原有室温下粘结强度。王晖等[69]运用有限元方法对 FRP 筋混凝土柱进行分析，证明热传导系数较低的混凝土对试件内部 FRP 筋有保护作用，增大混凝土保护层厚度能有效延缓热量向内部 FRP 筋蔓延。在其他条件不变的情况下，配筋率越低，耐火时间相对延迟，主要原因是配筋率越低，FRP 筋占有的比例相对较小，使试件整体耐火性能提高，承载能力丧失速度变慢，耐火时间相对延长。其他条件一定的情况下，截面尺寸越大，耐火时间就延长，主要原因是截面尺寸越大，平均温度提升越慢，承载能力丧失速度变慢，耐火时间延长。在其他条件一定情况下，保护层厚度增加，试件中 FRP 筋接近试件中心，对 FRP 筋温度升高有延缓作用，起到了保护 FRP 筋的作用，使整体的耐火时间延长。

1.4　混凝土材料劣化机理与耐久性研究现状

1.4.1　恶劣环境下混凝土材料的劣化机理

随着近代工业的发展，环境污染加剧，混凝土结构很容易受到各种各样的腐蚀破坏。海洋环境是氯盐的主要来源[70,71]，国内学者朱雅仙等[72-74]对海工混凝土建筑物进行腐蚀情况的调查表明，氯盐腐蚀已经成为一个海洋结构亟待解决的问题。

氯离子侵入混凝土是一个非常复杂而缓慢的过程，氯离子浓度分布如图 1.4 所示。

氯离子在混凝土结构中主要通过扩散、渗透、毛细管、物理吸附、电化学迁移等[75-77]方式进行传输。国内外专家学者已经提出了很多扩散模型，Arora P.，Chatter J. 等[78-81]在深入研究混凝土内部氯离子的数学扩散模型的过程中都充分的考虑了各项机理。

不同的海洋环境，劣化机制也会有所不同，下面就浪溅区、大气区、水下区对混凝土劣化机理进行分析。

(1) 浪溅区

一般情况下浪溅区的混凝土结构腐蚀是最为严重的。主要原因是混凝土在遭受氯离子、硫酸根离子、镁离子等腐蚀的同时还有海水干湿循环的侵蚀，两者共同加速了氯离子的渗透和钢筋的锈蚀。

经过多次的干湿循环后，在混凝土内部的钢筋表面氯离子浓度达到临界氯离子浓度，筋体表面钝化膜开始被氯离子破坏，钢筋开始锈蚀。各种金属离子的腐蚀也是一个复杂的过程。具体的反应方程式如下：

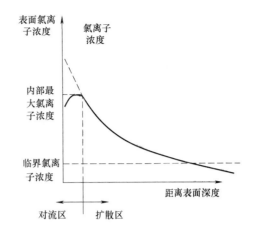

图1.4 混凝土构件横截面上氯离子浓度分布图

Fig.1.4 The distribution of chloride ion in the cross section of concrete

$$3CaO \cdot Al_2O_3 + 3CaSO_4 \cdot 2H_2O + 2H_2O = 3CaO \cdot Al_2O_3 \cdot 3CaSO_4 \cdot 32H_2O \tag{1.1}$$

$$Ca(OH)_2 + MgSO_4 + 2H_2O = CaSO_4 + 2H_2O + Mg(OH)_2 \tag{1.2}$$

$$3CaO \cdot Al_2O_3 \cdot 6H_2O + 3MgSO_4 + 6H_2O = 3(CaSO_4 \cdot 2H_2O) \cdot$$
$$3Mg(OH)_2 + 2Al(OH)_3 \tag{1.3}$$

SO_4^{2-} 和 Mg^{2+} 膨胀腐蚀破坏最终生成单氯铝酸钙和三氯铝酸钙，减少了 Aft（高硫型水化硫铝酸钙）和 AFm（单硫型水化硫铝酸钙）的生成，并抑制了硫酸根离子腐蚀的继续进行。

(2) 水下区

Cl^- 与水下混凝土反应产生的水化物减慢了氯离子本身的扩散速率但是水下区仍存在 Mg^{2+} 以及 SO_4^{2-} 等，混凝土在这些离子的影响下仍会开裂。在各种条件共同的作用下，混凝土内部的钢筋表面氯离子达到临界浓度时，锈蚀就会发生。但是在水下区参与锈蚀反应的 O_2 很少，氧化反应会因此受到很大的影响，从而钢筋锈蚀较少，所以水下区的混凝土结构的实际使用寿命较其他区域更长。

(3) 大气区

反应机理主要是首先大气中的 CO_2 通过扩散方式进入混凝土内部与水发生反应形成碳酸，碳酸通过反应生成氢离子和碳酸根。氢离子和碳酸根在混凝土孔溶液中扩散，导致混凝土当中的 $Ca(OH)_2$ 被溶解进一步形成了 $CaCO_3$，混凝土大量的孔隙被 $CaCO_3$ 的析出物填满，孔隙减小。

1.4.2　混凝土材料耐久性研究现状

氯离子对于混凝土结构的腐蚀性问题在最近几年已经成为了混凝土结构耐久性研究的重要组成部分，其中氯盐环境下钢筋混凝土结构的寿命预测更是学者们关注的焦点。海洋环境下的氯离子从混凝土结构的表面向其内部传输的过程非常的缓慢而且复杂，其中主要的传输机理有扩散、毛细吸收、渗透等。

（1）扩散

氯离子在混凝土结构内从高浓度的地方向较低浓度的地方迁移叫作扩散。由于混凝土表面与溶液氯离子浓度有差异，因此混凝土表面与溶液会产生浓度梯度，于是发生扩散。

一般情况下氯离子在混凝土结构中的扩散是符合 Fick 第二定律的，其表达式如公式（1.4）所示：

$$\frac{\partial C}{\partial t} = D \frac{\partial^2 C}{\partial x^2} \tag{1.4}$$

公式（1.4）中：t 代表时间（s）；C 代表氯离子浓度（%）；x 代表深度（mm）。扩散系数此时假定不变，D 为氯离子扩散系数（mm^2/s）。

当氯离子的扩散使用 Fick 第二定律描述时，应当考虑环境温度、湿度以及时间等因素对于扩散系数的影响。

（2）毛细吸收

非饱和状态下的多孔介质，由于毛细作用，液相水被吸收或者渗入被称为毛细吸收。一般情况下，毛细吸收系数被用来评价多孔介质吸收在毛细作用下的液相水的速度，是表征侵蚀性介质侵入混凝土内部程度的重要参数，以下是崔铃[82]依据 Hagen-Poiseuille 方程推导而出毛细吸收系数的简化方程，

$$\Delta W = S\sqrt{t} \tag{1.5}$$

式（1.5）中：S 表示毛细吸收系数；t 代表时间；ΔW 代表单位面积被测多孔材料的质量增量。

（3）渗透

压力作用下，水以及各种离子在混凝土内共同迁移的过程被称为渗透。假设混凝土各向同性多孔介质，以下为 Darcy 定律，常用来计算氯离子在混凝土中的渗透情况：

$$\frac{dq}{dt} = \frac{k'\rho g}{\eta} \cdot \frac{\Delta h}{L} \cdot A \tag{1.6}$$

上式中：dq/dt 代表流体流速（m^3/s）；Δh 代表通过试样的水压头（m）；η 代表流体粘度（s/m^2）；A 代表试样截面积（m^2）；L 代表试样厚度（m）；ρ 代表流体密度（kg/m^3）；g 代表重力加速度（$9.8m^2/s$）；k' 代表本征渗透系数（m^2）。

(4) 现有氯离子扩散机理模型

对处于氯离子环境中混凝土结构进行寿命预测最重要的就是使用氯离子数学扩散模型。混凝土结构中的氯离子侵蚀过程纷繁复杂，机理也都各不相同，国内外专家学者建立了相应的扩散模型。近些年很多不同的混凝土结构在氯离子环境下的寿命预测数学模型[83]都相继被提出。普遍认为，氯离子在混凝土中的主要传输方式仍然是扩散。

① 标准扩散模型

当混凝土处于饱水状态时，氯离子主要通过扩散方式侵入混凝土，它遵从 Fick 定律。当边界条件为：$C(0,t) = C_s$，$C(\infty,t) = C_0$；初始条件为：$C(x,0) = C_0$ 时，可得：

$$C_{x,t} = C_0 + (C_s - C_0)\left[1 - erf\left(\frac{x}{2\sqrt{Dt}}\right)\right] \tag{1.7}$$

$C_{x,t}$ 为 t 时刻 x 深度处的氯离子浓度；C_0 为初始浓度；C_s 为表面浓度；D 为氯离子的扩散系数单位 m^2/s；$erf(z)$ 为误差函数。

由于 $erf(z) = 1 - erfc(z)$ 推导得知：

$$C_{x,t} = C_0 + (C_s - C_0)\left[1 - erfc\left(\frac{x}{2\sqrt{Dt}}\right)\right] \tag{1.8}$$

② DuraCrete 模型

DuraCrete 模型是氯离子侵入的经验模型，这个模型的初始、边界条件要从试验状态下以及实际工程当中获得，而后需要根据现场条件进行修正。模型如式（1.9）所示，

$$C_X = C_{SN} \cdot \left[1 - erf\frac{x}{2\sqrt{D_a(t) \cdot t}}\right] \tag{1.9}$$

C_X 是氯离子在不同深度的浓度；C_{SN} 是氯离子在结构表面的浓度；X 是氯离子的渗透深度单位 m；t 是结构实际暴露时间单位 s；$D_a(t)$ 是扩散系数单位 m^2/s。

这个模型的最大的优点就是能够根据可见的氯离子实际分布情况预测以后氯离子的分布趋势，并且不需要验证是否有效。

③ 多因素作用的氯离子扩散模型

根据考虑了时间对扩散系数的影响、混凝土的氯离子结合、结构内部的缺陷等因素，余红发、孙伟等[84,85]通过理论推导，得到了公式（1.10）：

$$C_{x,t} = C_0 + (C_s - C_0)\left[1 - erf\left(\frac{x}{2\sqrt{\frac{H \cdot D_{c,0} t_0^n}{(1+R)(1-n)}t^{1-n}}}\right)\right] \tag{1.10}$$

其中，H 代表氯离子扩散性能的劣化效应系数；R 代表氯离子结合能力；n 是氯

离子扩散系数的时间依赖性常数。

二人对 Fick 第二定律进一步进行修正,通过理论推导得到了混凝土中氯离子扩散的新公式。同时使用了上述模型以及其他文献的一些试验数据,对于暴露在海水与除冰盐恶劣条件下的混凝土结构中的氯离子浓度分布情况进行了预测。

④ 用于老化混凝土的模型

Roelfstra 等提出了数学模型公式(1.11)和(1.12),老化混凝土一般采用此模型进行研究,这个模型主要考虑了水对于混凝土的侵入、氯离子的扩散作用、水泥水化等因素。

$$b_t we + (b-1) we_t + bwe_t - D_c w \nabla_{xx} e + v \nabla_x e = 0 \tag{1.11}$$

$$b = \frac{C_t}{C_f} = 1 + (1-p)r \tag{1.12}$$

式中,w 代表水的含量;e 代表自由氯离子的浓度系数;D_c 代表扩散系数;∇_x 代表空间梯度;v 代表水通量。C_t 代表氯离子总浓度;C_f 代表自由氯离子浓度;p 代表混凝土孔隙率;r 代表自由氯离子的浓度与结合的氯离子的浓度二者之比。

(5) 存在的问题

各国的学者所建立氯离子扩散数学模型大部分基于 Fick 第二定律,学术界针对氯离子扩散模型预测结果是否准确的争论仍在继续。Verbeck[86] 曾经提出氯离子的扩散规律在只考虑混凝土氯离子结合能力的情况下会有较大的差异(见图 1.5)。将考虑了时间对于氯离子扩散系数的影响的改进模型及 Fick 第二定律简化模型和经过 10 年自然暴露后的氯离子浓度分布曲线对比,发现粉煤灰混凝土被过低的估计了结构寿命,而硅酸盐混凝土结构寿命会被过高的估计,而以氯离子总水准表示腐蚀风险可靠性有一定问题,主要原因如下:在干湿交替环境下,随着时间增加,混凝土结构表面的氯离子浓度不断增大;随着距离混凝土表面的深度不同扩散速率

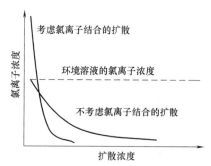

图 1.5 氯离子结合对扩散行为的影响

Fig. 1.5 The influence of chloride ion combination on diffusion

会不同;氯离子扩散值并不是常数而是随着时间的变化而变化,水化作用会导致其降低;加速腐蚀与实际情况还是有较大的差距,并不能反映实际情况。同时混凝土结构使用不同的预测模型时,所预测的结构差别很大,这主要是因为混凝土并不是持续暴露在氯离子中,而且海水中的一些成分会与水泥浆反应,填充混凝

土表面的毛细孔，以及实际工况与实验室的各种条件完全不相同等等。

在知识爆炸的二十一世纪，随着科技飞速的发展，神经网络技术、模糊理论、统计分析技术等各种新方法也相继出现。各种方法都从不同的角度进行寿命预测，得到了大量的科学技术成果，但是这些新方法多数并未得到实际工程验证，可行性、准确性仍待商榷。经验预测公式往往不能全面包含影响因素，而且不同环境条件下数据离散性较大，现有的经验模型还有待工程实测结果的进一步验证。

1.5　FRP 材料劣化机理与耐久性研究现状

1.5.1　恶劣环境下 FRP 筋劣化机理

GFRP 筋是由玻璃纤维和树脂根据一定比例经过挤压等工艺生产而成，其碱环境下劣化机理与其基本组成部分密不可分。在水和碱性介质的共同作用下，GFRP 筋抗压性能降低的原因主要与树脂基体劣化、纤维劣化、纤维与树脂的界面结合力退化三方面有关，一般认为纤维劣化对其抗压性能的降低起主要作用，而反应速度除受温度、介质浓度等影响外，还受反应物向表面扩散的速度、生成物离开界面的速度、界面面积大小甚至界面是否流动、反应物是否搅拌等众多因素的影响。

树脂在碱性介质中发生水化降解，又称为皂化反应，其反应方程式为：
$$R_1-CO-OR_2 \rightarrow R_1-CO-O^- + R_2OH \tag{1.13}$$
从式（1.13）中可以看出，树脂降解后反应生成较为稳定的酸根离子，整体反应式在温度较稳定的环境下不可逆，酸根离子无法与醇反应生成酯。所以研究 GFRP 筋耐久问题时，必须对作为粘结基体的树脂的耐碱性给予充分考虑。通过分析可知，普通聚酯树脂的耐碱性较差，将导致筋体表面很快产生腐蚀。

除树脂发生化学反应外，物理腐蚀也是 GFRP 筋性能下降的一个重要原因。树脂聚合物与水和腐蚀介质发生吸附作用，接着通过渗透扩散进入树脂基体内部，对其化学键的影响较小，主要通过破坏分子间的次价键，使树脂聚合物发生膨胀，在筋体内部逐渐开始产生开裂现象。随着树脂基体的不断破坏，侵蚀离子开始渗透到玻璃纤维与树脂的界面，破坏纤维与树脂界面，导致树脂与纤维之间的粘结力下降。同时在筋体表面，从微损伤的薄弱点开始，介质沿界面空隙、筋体内微小孔隙以毛细作用方式继续渗透，最终导致界面剥离——这也是进行长时间浸泡前需要对试件端部进行涂石蜡或者环氧树脂的原因。就 GFRP 筋而言，纤维与树脂的界面特性也直接影响着整体的抗腐蚀能力。分析认为，提高 GFRP 筋耐腐蚀能力的关键是保证界面粘结力。

玻璃纤维主要成分为 SiO_2，在碱性介质中具有较强的不稳定性，在表面出现微观缺陷时，极易受到活性介质的影响。在反应中，玻璃纤维表面因水的作用而产生阴离子 SiO^-，随着反应的进行，逐渐水合形成 SiOH（硅烷醇），其反应式为：

$$SiONa + H_2O = SiOH + NaOH \tag{1.14}$$

硅氧烷与 OH^- 发生反应：

$$SiOSi + OH^- = SiOH + SiO^- \tag{1.15}$$

同时随着 GFRP 筋在碱性溶液中浸泡时间的增长，玻璃纤维表面的非 SiO_2 成分，在与水溶液介质接触时形成金属的氢氧基团（—M—OH）。水中的 H^+ 和 OH^- 取代纤维表面的大离子，从而导致微裂缝的产生。

1.5.2 FRP 筋耐久性研究现状

王伟，薛伟辰[87]研究了在 pH 值为 12.6～13.0 的氢氧化钙、氢氧化钾以及氢氧化钠混合溶液中 GFRP 筋的侵蚀性能，试验的时间分别为 3.65，18，36.5，92，183 天。研究结果显示：在 3 种不同温度下碱溶液中侵蚀 183 天后，GFRP 筋的拉伸极限强度分别下降了 35%，49%，69% 左右；在 60℃ 的溶液中浸泡 183 天后，直径为 12.7，16.0，19.0 的 GFRP 筋的拉伸强度衰减量分别为 56.08%，48.81%，47.08%；处于 3 种不同温度（40℃、60℃、80℃）的碱环境下 GFRP 筋的拉伸极限强度及伸长率逐渐随着浸泡时间的增加而降低。破坏形态如图 1.6 所示。

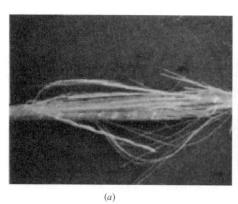 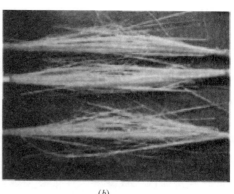

(a) (b)

图 1.6 腐蚀前后 GFRP 筋的拉伸破坏形态

Fig. 1.6 Tensile failure modes of GFRP bars before and after corrosion

(a) 腐蚀前；(b) 腐蚀后

随着 GFRP 筋在土木工程结构中的应用，GFRP 筋不仅用于抗拉构件中，还被应用于抗压抗弯构件中，尤其作为受压筋应用于海港工程。为了在土木工程中合理安全的使用 GFRP 筋，进一步研究 GFRP 筋在海水环境下的抗压性能就很有必要。氯离子环境下 FRP 筋耐久性研究结果区别很大，主要是无法将氯离子跟碱性金属离子还有水清晰的区别开来，一般情况下海水和除冰盐对于 GFRP 筋的腐蚀更严重。

GFRP 筋性能本身具有一定的离散性，这是因为它是拉挤成型的，某些部位存在少量的缺陷，当筋体浸渍在氯盐溶液中的时候，由于树脂的吸水作用，大量的亲水基团进入到筋体的内部。首先起粘结和保护作用的树脂基体被侵蚀，导致树脂与纤维较容易分离。随着浸泡时间的增加，树脂破坏区域逐渐变大且向筋体内部扩散。在受压时，筋体端部先被压碎，纤维与树脂分离；随着荷载的继续增加，筋体发生劈裂破坏，GFRP 筋直径越小比表面积就越大，氯离子扩散速度越快，腐蚀就越严重，劈裂破坏出现的概率就越大，抗压强度下降越明显。

Stecke 等人在氯盐环境下对 GFRP 筋进行了浸泡，浸泡结束之后将 FRP 筋进行力学实验。GFRP 筋剪切强度损失了 29%，劣化程度较大，表明氯盐环境下 GFRP 筋的耐久性能并不稳定。分析劣化原因为 FRP 筋吸水，从而树脂塑化导致了筋体的剪切强度的降低。

王川，欧进萍[88]在高温腐蚀环境下对 GFRP 筋进行加速老化试验，温度采用 60℃，将试件水浴加热养护至龄期后取出，进行拉伸、剪切、冲击韧性力学性能试验。结果表明，经溶液浸泡老化试验后的 GFRP 筋的筋体力学性能退化明显，其中在盐溶液中 GFRP 筋受到的腐蚀程度最小，而在碱溶液中腐蚀程度最大，在海工结构中使用 GFRP 筋可以很好地解决钢筋锈蚀问题。而且在实验过程中，随着浸泡时间增加树脂对于纤维的粘结性能逐渐降低，而且 GFRP 筋表面的颜色变化明显，这主要是树脂发生氧化现象。

1.6 FRP 配筋混凝土结构简介

钢筋混凝土结构的使用至今已有 100 多年历史，由于其承载能力大、抗震性能好、造价较低，同时可以充分发挥钢筋和混凝土两种材料性能等缘故，使得钢筋混凝土成为目前土木工程中最常用的主要结构材料之一。但在钢筋混凝土结构使用过程中，由于混凝土碳化、氯离子腐蚀及环境因素等原因，钢筋的锈蚀对结构耐久性的影响十分严重，由此带来的损失是相当巨大的，据统计仅美国境内的 16 万座桥梁因钢筋锈蚀而需要的维修费用即达 220 亿美元，而欧洲在此项的花费每年也高达 18 亿美元。为防止钢筋锈蚀，各国都根据具体情况采取了相应的措施，主要有以下两个方面：(1) 严格保证混凝土的施工质量，增加混凝土的密实性。例如各国规范都规定了容许使用的最大水灰比、最小水泥用量、最低的混凝土强度等级、混凝土的保护层最小厚度、裂缝的最大允许宽度等要求；在施工中则采取有效的机械振捣以及采用外加剂等方式，这些都是目前防止钢筋锈蚀的重要措施。（2）提高钢筋的耐锈蚀能力。普遍采用的方法是增加钢筋电势防止锈蚀发生的阴极保护法，由于此方法需要提供附加阳极，造价较高，推广困难。另一种方法是在钢筋表面涂锌或在钢筋表面喷涂环氧树脂，形成环氧涂层钢筋（Epoxy－coated Rebar）的附加表面涂层方法。此方法通过对涂层厚度的控制，不会影响钢筋与混凝土的粘结性能，但工艺难度较大，逐渐成为目前国内外研究的一个热点。针对以上问题，人们自然会想到：如果能够采用一种不会锈蚀或锈蚀速度缓慢的材料（如不锈钢）来代替钢筋，那么就可以从根本上解决钢筋混凝土结构中钢筋锈蚀的问题。随着比传统材料更加轻巧、坚韧、耐用、高强的连续纤维复合材料（FRP）和不同性状的产品的出现，为结构工程师们提供了一个更有吸引力的、经济的选择方案。自 20 世纪 80 年代中期以来，欧美及日本等国已陆续开始采用连续性纤维增强材料（Continuous Fiber Reinforced Plastics 简称 FRP）来代替钢筋，随即大力开展了对 FRP 材料的力学特性、加工工艺和结构性能研究，与混凝土结构结合，形成一种新型结构，称其为 FRP 筋混凝土结构，且在试验研究和工程应用等方面均取得了丰硕的成果。

1.7　FRP 配筋混凝土结构寿命预测

正确评估和准确预测混凝土的使用寿命已成为混凝土耐久性的主要目的和重要发展方向。关于 FRP 筋的寿命预测，已经有国内相关学者做过相关试验，但基本都只是采用酸碱盐溶液、温度、紫外线等对 FRP 筋进行加速腐蚀的试验。阿伦尼乌斯提出了双参数速率常数经验公式，此公式可以通过短期试验得到的数据来预测长期退化性能，即阿伦尼乌斯方程：

$$\frac{d\ln k}{dT} = \frac{E_a}{RT^2} \tag{1.16}$$

美国联邦公路局给出的 FHWA 法：

$$SR = a + bLog(t) \tag{1.17}$$

Wiederhorn 得到了在湿度和应力协同作用下的材料经验公式：

$$V = ax^f e^{\left[\frac{-F}{RT}\right]} e^{\left[\frac{b\kappa}{RT}\right]} \tag{1.18}$$

以上都是较为经典的寿命预测公式，但是这与实际工程中埋置于混凝土中的 FRP 筋力学性能会有较大的不同，这主要是由于埋置于混凝土内部的 FRP 筋由于混凝土强度增加和 FRP 筋遇水膨胀增加了相互的摩擦力。

对于如何将加速寿命与实际寿命联系起来，考虑到应力与环境影响的劣化速率，刘志勇等得到了公式（1.19），以此确定加速系数来预测 FRP 筋寿命：

$$AF = \exp\left[\frac{E_a}{K}\left(\frac{1}{T_{envir}} - \frac{1}{T_{acce}}\right)\right] \cdot \left(\frac{RH_{envir}}{RH_{ecce}}\right) \cdot \left(\frac{T_{acce}}{T_{envir}}\right) \tag{1.19}$$

国内外的学者关于实际处于混凝土内部的 FRP 寿命预测公式太少，且大都没有经过太多实际工程的检验。如何将加速试验与常规试验建立起合理的联系，寻找合理的转化系数，对于建立科学准确的寿命预测模型具有重要意义。未来在 FRP 寿命预测方面，需要进一步建立合理的 FRP 材料的耐久性试验方法以及评价体系。

参考文献

[1] Frederic D. Reliability of RC beams under chloride-ingress [J]. Construction andbuilding materials，2007，21（8）：1605-1616.

[2] 洪乃风. 钢筋混凝土基础设施的腐蚀与全寿命经济分析 [J]. 建筑技术，2002，3（4）：254-257.

[3] P Kumar Mehta. Durability Critical Issues for the Future [J]. Concrete international，1997，20（7）：27-33.

[4] 郝庆多，王言磊，侯吉林. GFRP 带肋筋粘结性能试验研究 [J]. 工程力学，2008，25（10）：158-165.

[5] 刘志勇，吴桂琴. FRP 筋及其增强混凝土的耐久性与寿命预测 [J]. 烟台大学学报（自然科学与工程版），2005，（01）：66-73.

[6] 薛伟辰，康清梁. 纤维塑料筋 FRP 在混凝土结构中的应用 [J]. 工业建筑，1999，29（2）：19-21.

[7] 何政，于明伟，欧进萍. CG-FRP 混杂筋的研制及试验研究 [J]. 哈尔滨工业大学学报，2007，39（6）：845-848.

[8] 郭恒宁，张继文. 碳纤维筋与混凝土粘结性能的试验研究 [J]. 新型建筑材料，2006，10（1）：9-10.

[9] 黄广龙，廉旭，陈巧，徐洪钟. 纤维增强复合筋中 FBG 的传感特性 [J]，南京工业大学学报（自然科学版），2010，32（1）：23-27.

[10] 梅葵花. CFRP 拉索斜拉桥的研究 [D]. 南京：东南大学，2005.

[11] 王端宜，胡迟春，王永斌，谭宝龙. 复合材料作为水泥混凝土路面传力杆的尝试 [J]，公路，2007，（1）：32-36.

[12] N. J. Ma，S. Y. Liu. The New Structure of Fiber Glass Reinforced Plastic Bolt. Journal of Coal Science and Engineering. 2003，9（1）：8-11.

[13] 李明，张起森，何唯平. FRP 锚杆的研究应用综述 [J]. 中外公路，2005，（25）：141-143.

[14] 林刚. 罗世培玻璃纤维筋在盾构端头井围护结构中的应用 [J]. 铁道工程学报，2009，（8）：77-81.

[15] T. Uomoto，T. Nishimura. Development of New Alkali Resistant Hybrid AGFRP Rod. Non-Metallic（FRP）Reinforcement for Concrete Structures：Proceedings of the Third International Symposium. Sapporo. 1997，2：67-74.

［16］　R Falabella，JNeuner. Environmental Durability and Resin Stoichiometry Studies of TYFO S High Strength Column Wrapping System ［M］，ReportFor Hexcel Tyfe Co，1993：236-243.

［17］　Nanni Antonio，Okamoto Tadashi，Tanigaki Masaharu. Tensile properties of braided FRP rods for concrete reinforcement ［J］. Cement and Concrete Composites，1993，15（3）：121-129.

［18］　DHDeitz，PE，IEHarik. Physical Properties of Glass Fiber Reinforced Polymer Rebars in Compression ［J］. Journal of Composites for Construction，2003（3）：363-366.

［19］　R Falabella，JNeuner. Environmental Durability and Resin Stoichiometry Studies of TYFO S High Strength Column Wrapping System ［M］，ReportFor Hexcel Tyfe Co，1993：236-243.

［20］　Nardone Fabio，Di Ludovico Marco. Tensile behavior of epoxy basedFRP compositesunderextremeserviceconditions ［J］. CompositesPartB：Engineering. 2012，43（3）：1468-1474.

［21］　Baena M. ，Turon A. Experimental study and code predictions of fibre reinforced polymer reinforced concrete（FRP RC）tensile members ［J］. Composite Structures，2011，93（10）：2511-2520.

［22］　A. H. Rahman，C. Kingsley. Experimental Investigation of the Mechanism of Deterioration of FRPReinforcement for Concrete Fiber Composites in Infrastructure ［C］. Proceedings of the Second InternationalConference on Fiber Composites in Infrastructure ICCI' 98. Tucson：1998，(2)：501-511.

［23］　P. K. Mallick. Fiber Reinforced CompositesMaterialsManufacturing and Design ［D］. Marcella Dekker Inc：New York，1988：469-475.

［24］　A. Katz. Bond Mechanism of FRP Rebar to Concrete ［J］. Materials and Structures，1999，(32)：761-768.

［25］　Larmlde J，Silva-Rodfiguez R. Bond tests of fiber glass-reinforced Plastic bars in conercte ［J］. Journal of Testing and Evaluation，1994，22（4）：351-359.

［26］　S. Kocaoza，VASamaranayakeb，ANanni. Tensile characterization of glass FRP bars ［J］. Composites，Part B 2005，(36)：127-134.

［27］　JYLee，KHKim，SWKim，M. Chang. Strength Degradation of Glass Fiber Reinforced Polymer Bars Subjected to Reversed Cyclic Load ［J］. Strength of Materials，2014，46（2）：235-240.

［28］　Malvar L J . Bond Stress2slip Characteristics of FRP Rebars. Rep. TR-2013-SHR ，Naval Fac. Engrg. Service Ctr ，Port Hueneme. Calif ，1994：326-334.

［29］　B. Tighiouart ，B. Benmokrane，D. Gao. Invest igation of bond in con2cret e member with fiber reinforced polymer（ FRP ）bars ［J］. Const ructionan d Building Mat erials，1998，(12)：453- 462.

［30］　Malvar L J，Cox JV，Bond between carbon fiber reinforced polymer bars and concrete Experimental study [J], Journal of Composites for Construction, 2003, 7 (2): 154-163.

[31] EdwardG N, Gary E N, Chares J P. Behavior of Fiber Glass Reinforced Concrete Beams [J]. Journal of the Structural Division, 1971, 97 (9): 2203-2215.

[32] DissDavoudi, Shahryar. CFRP prestressed concrete prisms as reinforcement in continuous concrete T-beams [J]. University of Manitoba (Canada), 2009, 105 (3): 368-374.

[33] Saatcioglu, Mand Sharbatdar, K. Use of FRP Reinforced in Column of New Structures [C], Proceedings of International Conference on FRP Composites in Civil Engineering, Edited by Teng J. G., Hong Kong, China, 2001: 1219-1226.

[34] Choo Ching Chiaw, Harik E. Strength of rectangular concrete columnsreinforced with fiber-reinforced polymer bars [J]. ACI Structure Journal. 2006, 103 (3): 452-459.

[35] Paramanantham, N Investigation of the Behavior of Concrete Columns Reinforced with Fiber ReinforcedPlastic Rebar [D]. Master of Engineering Science Thesis, Lamer University, Beaumont, Texas, 2006: 56-62.

[36] Kobayashi K andFujisaki T. Compressive Behavior of FRP Reinforcement in Non prestressedConcrete Member [J]. Nonmetallic (FRP) Reinforcement for Concrete Structure, 1995: 267- 274.

[37] YMCheng, Yong-ki Choi. New Soil Nail Material-Pilot Study of Grouted GFRP Pipe Nails Korea and Hong Kong. ASCE, 2009, (21): 91-93.

[38] Joel Brown. The study of FRP strengthening of concrete structures to increase the serviceable design life in corrosive environments [J], School of Civil & Resource EngineeringThe University of Western Australia, 2012: 45-52.

[39] Gardiner C P , Mathys Z, Mouritz A P. Tensile and compressive properties of FRP composites with localised fire damage [J]. Applied Composite Materials, 2002, 9 (6): 353-367.

[40] Griffis C. Thermal response of graphite epoxy composite subjected to rapid heating environmental effects on composite materials [M]. Lancaster Pennsy Lvania Technomic Publishing Company, 2008, 5 (3): 65-73.

[41] FCrea, G Porco, R Zinno. Experimental Evaluation of Thermal Effects on the Tensile Mechanical Properties of Pultruded GFRP Rods [J]. Applied composite matericals, 2007, 4 (3): 46-52.

[42] 张新越, 欧进萍, 王勃. 不同种类 GFRP 筋的力学性能试验研究比较 [J]. 玻璃钢/复合材料, 2005 (2): 24-25.

[43] 薛伟辰, 王伟, 付凯. 碱环境下不同应力水平 GFRP 筋抗拉性能试验 [J]. 复合材料学报, 2013, 30 (6): 67-75.

[44] 吴刚, 朱颖, 董志强. 碱性环境下 BFRP 筋耐腐蚀性能试验研究 [J]. 土木工程学报, 2014, 47 (8): 32-41.

[45] 付凯, 王伟, 薛伟辰. 模拟混凝土环境下 GFRP 筋抗压性能加速老化试验研究 [J]. 建筑结构学报, 2013, 34 (1): 117-122.

[46]　张新越，欧进萍. CFRP 筋疲劳性能 [J]. 材料研究学报，2006，20（6）：565-570.

[47]　龚永智，张继文，蒋丽忠. CFRP 筋受压性能及人工海水环境对其影响的试验研究 [J].
工业建筑，2010，40（3）：94-97.

[48]　张新越，欧进萍. FRP 筋酸碱盐介质腐蚀与冻融耐久性试验研究 [J]. 武汉理工大学学
报，2007，29（1）：79-85.

[49]　朱虹，钱洋. 工程结构用 FRP 筋的力学性能 [J]. 建筑科学与工程学报，2006，23（3）：
27-31.

[50]　黄广龙，廉旭，陈巧. 纤维增强复合筋 FBG 的传感特性 [J]. 南京工业大学学报，2010，
32（1）：23-27.

[51]　郑乔文，薛伟辰. 粘砂变形 GFRP 筋的粘结滑移本构关系 [J]. 工程力学，2008，25
（9）：162-169.

[52]　丁一宁，李娟，王宝民. 纤维对 GFRP 筋与自密实混凝土基本粘结性能影响分析 [J].
建筑结构学报，2011，32（1）：63-69.

[53]　陆新征，叶列平，滕锦光. FRP-混凝土界面粘结滑移本构模型 [J]. 建筑结构学报，
2005，26（4）：10-18.

[54]　曹双寅，潘建伍，陈建飞. 外贴纤维与混凝土结合面的粘结滑移关系 [J]. 建筑结构学
报，2006，27（1）：99-105.

[55]　高丹盈，房栋，祝玉斌. 体外预应力 FRP 筋加固混凝土单向板抗裂及刚度计算方法
[J]. 土木工程学报，2015，48（3）：34-41.

[56]　郑愚，钟永刚，潘云峰. GFRP 筋混凝土桥面板承载性能的试验研究 [J]. 四川建筑科
学研究，2013，39（6）：1-7.

[57]　李春红，魏德敏，郑愚. GFRP 筋混凝土板抗弯性能试验研究 [J]. 混凝土，2010（4）：
5-9.

[58]　朱坤宁，万水，刘玉擎. FRP 桥面板静载试验研究与分析 [J]. 工程力学，2010，27（增
刊Ⅰ）：240-244.

[59]　何小兵，郭晓博，李亚. GFRP/CFRP 混杂加固混凝土阻裂增强机理 [J]. 华中科技大
学学报，2014，42（1）：78-83.

[60]　宋洋，张向东，和敏. 玄武岩 FRP 筋混凝土梁抗弯性能试验研究 [J]. 工程塑料应用，
2014，42（4）：82-85.

[61]　董坤，胡克旭，王炜浩. CFRP 加固混凝土梁不同防火材料保护设计方法 [J]. 防灾减
灾工程学报，2015，35（1）：6-16.

[62]　张延年，刘新，付丽. 表面内嵌纤维筋加固混凝土 T 形梁的受弯性能 [J]. 2015，29
（6）：451-458.

[63]　张鹏，刘闻冰，邓宇. 碳纤维预应力棱柱体复合筋混凝土梁裂缝试验研究 [J]. 工业建
筑，2015，45（4）：72-76.

[64]　郭子雄，刘宝成，刘阳. 石材表面嵌埋 CFRP 筋粘结性能试验研究 [J]. 工程力学，
2011，28（7）：59-64.

[65]　丁亚红，马艳洁. 内嵌预应力碳纤维筋加固混凝土梁受力性能试验研究 [J]. 建筑结构

学报，2012，33（2）：128-134.

［66］ 龚永智，张继文，蒋丽忠. CFRP筋增强混凝土轴心受压柱的试验研究［J］. 工业建筑，2010，40（7）：67-70.

［67］ 谷倩，李博，Bitewlgn M Getahune. 喷射混杂玄武岩-碳纤维复合材料加固震损混凝土框架柱试验研究［J］. 工业建筑，2015，45（8）：185-191.

［68］ 吕西林，周长东，金叶. 火灾高温下GFRP筋和混凝土粘结性能试验研究［J］. 建筑结构学报，2007，28（5）：32-39.

［69］ 王晖，查晓雄. 火灾下FRP筋混凝土柱性能［J］. 哈尔滨工业大学学报，2009，41（12）：36-40.

［70］ 洪乃丰. 基础设施腐蚀防护和耐久性问与答［M］. 北京：化学工业出版社，2003：61-65.

［71］ 金伟良. 混凝土结构耐久性［M］. 北京：科学出版社. 2002：48-49，55-57.

［72］ 朱雅仙，朱锡昶，张燕迟. 钢筋混凝土耐久性海洋暴露试验［J］. 海洋工程，2004，22（4）：60-66.

［73］ 余红发，刘连新，曹敬党. 东西部氯盐环境中混凝土的耐久性和服役寿命［J］. 沈阳建筑大学学报（自然科学版），2005，21（2）：125-129.

［74］ 陈蔚凡. 滨海盐渍地区抗强腐蚀性混凝土的研究与应用［C］/阎培渝，姚燕. 水泥基复合材料科学与技术. 北京：中国建材工业出版社，1999：179-183.

［75］ Hall C. Barrier performance of concrete：a review of fluid transport theory［J］. Materials and Structures，1994，27：291-306.

［76］ McCarter WJ，Ezirim H，Emerson M. Absorption of water and chloride into concrete［J］. Materials and Structures，1992，44：31-37.

［77］ Martys N S，Ferraris C F. Capillary transport in mortars and concrete［J］. Cement and Concrete Research，1997，27（5）：747-760.

［78］ Arora P，Popov B N，Haran B，et al. Corrosion initiation time of steel reinforcement in a chloride environment A one dimensional solution［J］. CorrosionScience，1997，39（4）：739-759.

［79］ ChatterjiS. Transportation of ions through cement basedmaterials. Part1 fundamenteequations and basic measurement techniques［J］. Cement and Concrete Research，1994，24（5）：907-912.

［80］ Chatterji S. Transportation of ions through cement based materials. Part 2. Adaptation of the fundamental equations and relevant comments［J］. Cement and Concrete Research，1994，24（6）：1010-1014.

［81］ Chatterji S. Transportation of ions through cement based materials. Part 3 experimental evidence for the basic equations and some important deductions［J］. Cement and Concrete Research，1994，24（7）：1229-1236.

［82］ 崔玲. 海洋环境下混凝土结构中氯离子的侵入机理与分布发展［D］. 青岛：青岛理工大学，2010：8-11.

[83]　金伟良，赵羽习. 混凝土结构耐久性［M］. 北京：科学出版社，2002：55-60.

[84]　余红发，孙伟. 混凝土使用寿命预测方法的研究 I—理论模型［J］. 硅酸盐学报，2002，30（6）：689-690.

[85]　余红发，孙伟，麻海燕. 混凝土在多重因素作用下的氯离子扩散方程［J］. 建筑材料学报，2002，5（3）：240-247.

[86]　Verbeck G. J.. Mechanisms of corrosion of steel in concrete, corrosion of metals in concrete［R］. ACI SP-49，Detroit：American Concrete Institute，1987：211-219.

[87]　王伟，薛伟辰. 碱环境下 GFRP 筋拉伸性能加速老化试验研究［J］. 建筑材料学报，2012，15（6）：760-765.

[88]　王川，欧进萍. GFRP 筋酸碱盐腐蚀老化实验研究［J］. 防灾减灾工程学报，2010，30（增）：373-377.

第 2 章 GFRP 筋力学性能

2.1 前言

本章参照已有文献所提到的试验方法对三种不同直径的 GFRP 筋进行受压性能试验，以此来分析各种因素对其抗压性能的影响，结合已有的 FRP 筋抗压强度理论，对 GFRP 筋的进一步研究提供建议。

2.2 光圆 GFRP 筋受压性能

2.2.1 试验材料与试验方法

本试验采用由哈尔滨玻璃钢研究所提供的光面玻璃纤维增强塑料（GFRP）筋，其中玻璃纤维体积含量约 70%，树脂基体体积含量约 30%。试验用 GFRP 筋直径分别为 8mm、10mm、12mm。

GFRP 筋抗压性能测试所用加载设备为普通液压材料试验机（图 2.1），手动控制加载速率，约为 15kN/min。试件安放后，以恒定速率加载直至破坏，记录试件破坏形式和极限破坏荷载值。

由于 FRP 筋受压稳定性较差，与材料受拉性能测试相比，FRP 筋受压性能测试较为困难。目前针对 FRP 筋受压性能测试通常采用的测试方法主要有两种：直接进行一定长细比（受压长度与直径之比）FRP 试件受压性能测试，或者在 FRP 试件两端进行一定约束后进行测试。

本试验参照 ACI440-1R[1] 和《纤维增强塑料压缩性能试验方法》（GB/T 1448—2005）[2] 标准，对直径为 12mm 的 GFRP 筋分别截取

图 2.1 普通液压材料试验机
Fig. 2.1 The hydraulic material testing machine

1.5∶1 和 2.5∶1 两种长细比的试件，对其余两种直径的 GFRP 筋截取长细比为

2.5 的试件，两端打磨平整后，在试验机上进行压缩性能试验。

2.2.2　试验结果与分析

（1）破坏形式

GFRP 筋试件受压过程中应力-应变关系曲线如图 2.2 所示，由图可见，随着荷载的逐渐增大，GFRP 筋受压应力-应变曲线近似呈线性变化。当荷载达到极限荷载时，筋体发生破坏，纤维突然断裂，并伴有很大声响。整个加载过程没有出现任何屈服阶段，破坏形式为脆性破坏。

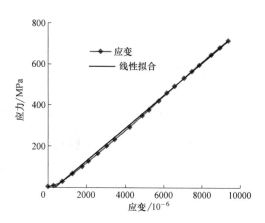

图 2.2　GFRP 筋受压应力应变曲线

Fig. 2.2　The compressive stress-strain curve of GFRP bars

试件长细比不同，即受压长度不同，GFRP 筋的破坏特征也有所差异。采用长细比 1.5（长度与直径的比值为 1.5）的试件大多在端部先发生树脂材料压碎破坏，纤维与树脂开始出现分离现象，随荷载的不断增加，压碎区逐渐扩大，纤维与树脂分离现象开始从端部向筋体蔓延，最终产生纵向劈裂破坏（图 2.3a）；而采用长细比 2.5 的试件进行抗压试验时，随树脂与纤

(a)　　　　　　　　　　　　　(b)

图 2.3　不同长细比条件下 GFRP 筋破坏特征

Fig. 2.3　The failure modes of GFRP bars with different slender ratios

（a）长细比为 1.5；（b）长细比为 2.5

维间的横向拉应力增加，粘结较差的薄弱点开始出现树脂与纤维的剥离，荷载继续增大，大多在试件中心处先于端部发生破坏，呈现出较好的剪切破坏形态（图2.3b）。

通过对不同直径的试件进行压缩性能测试发现，受压长度为2.5倍直径的试件发生较好的剪切破坏（图2.4），所测得的试验数据也相对接近抗压强度真实值。故在本试验中进行 GFRP 筋受压性能测试时采用长细比为2.5的试件进行测试，以期获得较为可靠试验值进行比较。

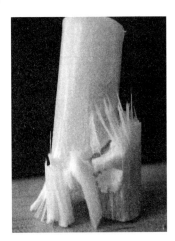

图 2.4　长细比 2.5 的 GFRP 筋破坏形态

Fig. 2.4　The failure mode of GFRP bars with slender ratio of 2.5

（2）破坏荷载

抗压强度计算公式为：

$$\sigma_c = \frac{P_c}{A} = \frac{4P_c}{\pi D^2} \qquad (2.1)$$

式中　σ_c 为抗压强度；P_c 为试件受压极限荷载值；D 为试件直径。

对不同长细比和不同直径的 GFRP 筋进行了受压性能测试，获得其极限破坏荷载值和抗压强度，见表 2.1 和表 2.2。

实测 GFRP 筋的抗压性能参数							表 2.1
Compressive test results of GFRP bars							Table 2.1
直径/mm	长细比	极限破坏荷载/kN	抗压强度 $f'_{fu,k}$/MPa	直径/mm	长细比	极限破坏荷载/kN	抗压强度 $f'_{fu,k}$/MPa
		78.10	690.557			88.34	781.120
12	1.5:1	81.75	722.830	12	2.5:1	100.08	884.927
		75.96	671.636			86.22	762.377

实测三种直径 GFRP 筋抗压强度值　　　　　　　　表 2.2

The measured compressive strength of GFRP bars with three diameter　　Table 2.2

直径/mm	破坏荷载/kN	抗压强度/MPa	直径/mm	破坏荷载/kN	抗压强度/MPa	直径/mm	破坏荷载/kN	抗压强度/MPa
8	38.135	758.694	10	55.9	711.761	12	88.34	781.120
	39.06	777.097		56.63	721.057		100.08	884.927
	40.25	800.772		57.82	736.209		86.22	762.377
	41.39	823.452		59.05	751.870		84.46	746.812
	44.47	884.728		62.06	790.196		88.36	781.297
	42.8	851.504		62.385	794.334		103.96	919.235
均值	41.018	816.041		58.974	750.904		91.903	812.628

(3) 结果分析

由于选择受压长度较小，受压试件发生破坏均为强度破坏，未发生失稳破坏。通过表 2.1 可知，两种不同受压长度的 GFRP 筋在取 2.5 倍直径情况下，所测得的抗压强度值和极限破坏荷载值较大，其破坏形态均为剪切破坏，数据稳定性较好。故对不同直径的 GFRP 筋均采用长细比为 2.5 的试验方法来进行受压性能测试。

一些文献[3][4]指出进行 FRP 筋受压性能测试时，为避免试件端部先于筋体发生破坏，获得较为真实的 FRP 筋抗压强度和受压弹性模量，需要对试件端部进行一定约束后进行压缩试验。在本文中，为进一步研究在不同腐蚀环境下 GFRP 筋抗压强度衰减程度，考虑到所需进行压缩试件较多，从经济角度及数据可靠角度考虑，特根据《纤维增强塑料压缩性能试验方法》选择长细比为 2.5：1 试件进行 GFRP 筋压缩性能测试。

在相同试验条件下，GFRP 筋极限荷载值与试件直径关系密切，随直径的增大，纤维与树脂体积增加，能够有效承担受压荷载，使试件受压破坏荷载值随之增大。

2.2.3　GFRP 筋抗压强度理论

基于现有的试验研究，FRP 材料的破坏机理还未得以完全掌握，FRP 筋的抗压强度理论还不成熟。在进行受压性能测试时发现，FRP 材料的破坏与纤维和基体的物理化学性质、组分含量以及加工工艺、表面处理形式等因素有关。根据已知的 FRP 筋材料受压破坏特征，将其受压破坏分为以下几种破坏模式：纤维屈曲、剪切破坏、截面压碎。其中认为以纤维屈曲破坏较为常见。张新越、欧进萍等提出利用能量法解决 FRP 复合材料的抗压强度理论公式：

$$f'_{fu} = 2\upsilon_f \sqrt{\frac{E_m E_f \upsilon_f}{\upsilon_m}} \qquad (2.2)$$

该式适用于拉压型破坏模型。

式中

f'_{fu}—FRP 抗压强度；υ_m—基体体积分数；

E_m—基体弹性模量；E_f—纤维弹性模量。

$$f'_{fu}=\frac{G_m}{1-\upsilon_f} \tag{2.3}$$

该式适用于剪切破坏模型。

式中

υ_f—纤维体积分数；G_m—基体剪切模量。

为解决理论值与试验值间的差距过大问题，相关研究人员针对上述拉压型破坏与剪切型破坏模式提出修正后的理论公式：

$$f'_{fu}=2\upsilon_f\sqrt{\frac{E_m(0.63E_f)\upsilon_f}{3\upsilon_m}} \tag{2.4}$$

$$f'_{fu}=\frac{0.63G_m}{1-\upsilon_f} \tag{2.5}$$

式中

f'_{fu}—FRP 抗压强度；υ_m—基体体积分数；

E_m—基体弹性模量；E_f—纤维弹性模量；

υ_f—纤维体积分数；G_m—基体剪切模量。

针对修正后的公式进行抗压强度计算，所得数据仍然高于试验的实测值。作者认为，在已有 FRP 筋抗压性能研究还未完善的前提下，FRP 筋生产相对缺乏严谨的生产规范要求，其理论公式仍需进一步进行修正推导。另外，上述公式中均只提到 FRP 筋所含各组分的材料性能参数，而未考虑实际生产过程中采用的加工成型工艺、材料直径等因素的影响；另外在纤维与树脂进行混合后，两者间的粘结性能也会对其抗压强度理论公式造成一定的影响。

2.2.4 小结

本试验对三种不同直径的光面 GFRP 筋进行材料受压性能测试，选择长细比为 2.5 作为受压试件尺寸。通过试验研究表明：

（1）GFRP 筋受压性能测试中，GFRP 筋受压破坏呈脆性破坏，在断裂前其应力-应变曲线呈线性关系，没有屈服台阶。

（2）随直径的增加，其抗压强度也随着增大；其极限压应变大于混凝土极限压应变，且具有较高的抗压强度，可以作为混凝土受压构件的受力筋。

（3）极限破坏荷载值与加载速度有一定关系，受加载速度影响，加载速度过快导致试验测得的数据离散性较大。

（4）介绍了 FRP 筋的受压强度理论，指出由于 FRP 筋强度理论还不成熟，FRP 筋材料受力特性不稳定，实际工程应用中需对不同批次不同种类的 FRP 筋进行力学性能测试，以确保使用安全。

2.3　带肋 GFRP 筋受压性能

2.3.1　试验材料与试验方法

本试验使用的 GFRP 筋来自淮南实业金德有限公司，主要的增强材料为玻璃纤维，粘结材料为树脂和辅助剂等。表面的肋是在纤维束浸渍树脂基体后缠绕在表面的，可以增强筋与混凝土的粘结性能。本次试验 GFRP 筋直径分别采用 8mm、10mm、12mm。图 2.5 为 GFRP 筋，表 2.3 为厂家提供的相关力学性能数据。

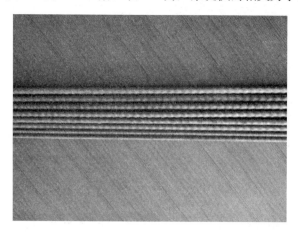

图 2.5　GFRP 筋

Fig. 2.5　GFRP bars

试验在沈阳建筑大学力学实验室进行，采用新三思万能试验机，如图 2.6 所示。

本试验参照《纤维增强塑料压缩性能试验方法》和 ACI440-1R，对三种直径的 GFRP 筋按照长细比 2.5∶1 进行截取。由于受压情况下 GFRP 筋的稳定性较差所以一般进行受压试验都是将试件的两端进行约束，或者截取一定的长细比进行测量。截取完成后，用砂纸将试件的两端细细打磨平整，然后在万能试验机上进行试验。

2.3.2　试验结果与分析

（1）破坏形式

GFRP 筋应力-应变关系基本呈线性关系，达到极限荷载时突然发生破坏。

呈现脆性破坏，且破坏时发出巨大声响，没有屈服阶段。试件具体的应力-应变关系如图 2.7 所示。

生产厂家提供的 FRP 筋基本力学性能　　　　　　　　表 2.3

Basic mechanical property of FRP bars provided by manufacturer　Table 2.3

性能参数	玻璃纤维钢筋
外观	表面螺纹/表面喷砂
直径(mm)	$\phi 3 \sim \phi 32$
密度(g/cm³)	$1.5 \sim 2.0$
抗拉强度(MPa)	$\geqslant 550$
弹性模量(GPa)	$30 \sim 41$
耐碱性(%)	$\geqslant 75$

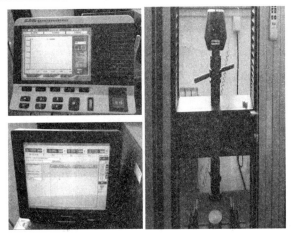

图 2.6　新三思万能试验机

Fig. 2.6　SANS universal testing machine

(2) 试验结果分析

GFRP 筋受压破坏过程如下：首先试件的端部出现树脂压碎破坏，然后出现树脂和纤维相互分离的现象，而后随着荷载的不断加大，端部压碎区域不断扩大，纤维树脂相互分离的现象从端部开始向整个筋体蔓延开来，最后产生大量纵向劈裂裂缝，形成纵向劈裂破坏，具体图片如图 2.8 所示。

抗压强度计算公式如下：

$$\sigma_c = \frac{P_c}{A} = \frac{4P_c}{\pi D^2} \qquad (2.6)$$

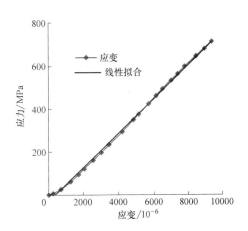

图 2.7　GFRP 筋试件受压应力-应变曲线

Fig. 2.7　The compressive stress-strain curve of GFRP bar

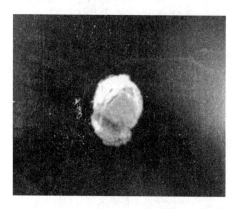

图 2.8　GFRP 筋破坏形式

Fig. 2.8　Failure modes of GFRP bars

式中　σ_c 为抗压强度；P_c 为试件受压极限荷载值；D 为试件直径。

根据三种直径的 GFRP 筋受压的结果，将所得数据制成表 2.4，三组试验数据的离散性较小，对其求平均值，得到各直径筋体的最终破坏荷载，按照公式 2.6 进行计算，求出各直径筋体的最终抗压强度，对各筋体的抗压强度进行比较。

实测三种直径 GFRP 筋抗压强度值　　　　　　　　　表 2.4

The measured compressive strength of GFRP bars with three different diameters

Table 2.4

直径/mm	破坏荷载/kN	抗压强度/MPa	直径/mm	破坏荷载/kN	抗压强度/MPa	直径/mm	破坏荷载/kN	抗压强度/MPa
	41.118	818.040		62.873	800.547		93.133	823.501
8	40.653	797.051	10	62.101	790.717	12	92.146	814.773
	42.138	838.334		63.668	810.670		90.082	796.523
均值	41.303	817.808		62.880	800.644		91.787	833.932

本次试验所用试件长细比较小，可以看成小柔度杆也就是短杆，所以破坏均为强度破坏。徐远道等所著《材料力学》如下所述：

① 强度破坏

$\lambda < \lambda_u$，即压杆柔度小于临界柔度，压杆为小柔度杆也就是短杆，此时发生破坏为强度破坏。

② 弹性失稳破坏

$\lambda \geq \lambda_p$，即压杆柔度大于或者等于临界柔度，压杆为大柔度杆也就是细长杆，此时可以用欧拉公式计算临界应力，破坏为弹性失稳破坏。

③ 非弹性失稳破坏

$\lambda_u<\lambda<\lambda_p$，压杆为中柔度杆即中长杆，破坏为非弹性失稳破坏。此时的临界力和临界应力均不能用欧拉公式计算，工程中一般采用以试验结果为依据的经验公式来计算这类压杆的临界应力，并由此求得临界力。

周继凯等对 GFRP 筋采用不同长细比进行受压试验，试验发现长度越长的构件极限破坏应力越小。GFRP 筋的受压破坏形式也分为上述三种破坏形式即强度破坏、弹性失稳破坏和非弹性失稳破坏。试验得到数据 $\lambda_p=70$，$\lambda_u=11$，$\sigma_p=75\text{MPa}$，$\sigma_{cr}=220\text{MPa}$。在非弹性失稳阶段，表达式 $\sigma_{cr}=a-b\lambda$，本次试验得到 $a=246\text{MPa}$，$b=2.4\text{MPa}$。而在弹性失稳阶段，得到弹模 $E=38.78\text{GPa}$，相关系数为 0.985。

2.3.3　GFRP 筋徐变失效

本次试验是在较短时间内对 GFRP 筋持续加载，下面我们来讨论 GFRP 筋处于长期持荷状态的情况。徐变失效即徐变断裂，指在较长的持续时间内 GFRP 筋在较大应力持荷状态以及恶劣环境影响下，筋体内部的薄弱或者有缺陷的纤维发生断裂导致周围的树脂发生蠕变从而卸载，荷载将传递给余下未断纤维，不断循环最终筋体整体破坏。在 GFRP 筋长期力学性能中，徐变失效性能是最重要的，因为它是确定正常使用极限状态下应力水平的关键。徐变失效过程中，时间和拉应变关系分为以下三阶段：（1）一阶段应变速率不断变小；（2）二阶段应变速率不变；（3）三阶段应变速率迅速增大，纤维发生破坏导致 GFRP 筋破坏。徐变失效强度比-断裂时间关系式如下：

$$Y=a-bLogT \tag{2.7}$$

式中　a，b 均为经验系数；T 为时间；Y 为失效强度比。

由于 GFRP 种类众多，所处环境也各不相同，有关 GFRP 筋的徐变失效性能研究还比较缺乏，试验结果也各不相同，所以这一问题仍待进一步研究。

2.3.4　小结

本试验对直径为 8mm、10mm、12mm 的三种 GFRP 筋截取长细比为 2.5 作为受压构件，进行受压性能试验。所得主要结论如下：

（1）随着 GFRP 筋直径的增大，极限破坏荷载和极限抗压强度随之增大。

（2）受压试验发现，GFRP 筋破坏较为突然，并没有钢筋的屈服阶段，应力-应变曲线基本呈线性关系，破坏为脆性破坏。

（3）本次试件轴压比较小，为小柔度杆，满足强度破坏条件。理论上 GFRP 筋破坏可划分强度破坏、非弹性失稳破坏、弹性失稳破坏。

本章我们主要针对光圆 GFRP 筋和带肋 GFRP 筋进行了一系列试验，分别得出了各自的试验结论。从试验数据的对比中我们可以看出：筋体表面的情况

（即光圆或带肋）并不会对筋体的受力性能有太大的影响。初步估计，当筋体在与混凝土协同工作时，筋体表面是否带肋才可能会起到较大的作用，提供更大的机械咬合力。因此，在下一步的研究中，我们会针对 GFRP 筋在特殊环境下腐蚀后的受力性能以及 GFRP 筋与混凝土的粘结滑移方面做出相应的研究与探讨。

参考文献

［1］　ACI Committee 440. Guide for the Design and Construction of Concrete Reinforced with FRP Bars ［R］. American Concrete Institute，2001：1-10.

［2］　GB/T1448—2005. 纤维增强塑料压缩性能试验方法 ［S］

［3］　张新越，欧进萍. FRP 加筋混凝土短柱受压性能试验研究 ［J］. 西安建筑科技大学学报，2006，38 （4）：467-472.

［4］　龚永智，张继文，蒋丽忠，涂永明. CFRP 筋受压性能及人工海水环境对其影响的试验研究 ［J］，工业建筑，2010，40 （3）：94-97.

第 3 章　碱环境下 GFRP 筋受压性能

3.1　前言

作为土木工程的主体结构，钢筋混凝土结构的耐久性问题已成为一个世界性的问题，混凝土呈 pH 值为 11～13 的碱性，一般情况下能在一定时间内保护钢筋不受外界的侵蚀，但是在一些恶劣环境中，混凝土则容易碳化，使得钢筋表面的钝化层破坏，钢筋被锈蚀，进而结构出现锈胀裂缝，对结构的安全产生很大的威胁，甚至可能导致整个混凝土结构破坏。

玻璃纤维复合材料（Glass Fiber Reinforced Plastics，以下简称 GFRP）筋密度小，强度高，抗磁干扰能力强，耐腐蚀性能好，被认为是一种可以替代钢筋应用到混凝土结构中的新型材料。为了在土木工程中合理安全的使用 GFRP 筋，进一步研究 GFRP 筋在碱腐蚀环境下的抗压性能很有必要。

本章模拟混凝土内部孔隙水的碱环境，人工配置了碱溶液，对三种不同直径的 GFRP 筋进行持续浸泡，达到预定龄期后，对 GFRP 筋进行受压性能试验，研究其极限承载力、抗压强度、抗压强度保留率及弹性模量保留率的变化情况，分析浸泡时间、GFRP 筋直径对筋体抗压性能的影响。

3.2　试验概况

本试验所用的是光面玻璃纤维增强塑料（GFRP）筋棒材，由哈尔滨玻璃钢研究所提供，其中玻璃纤维的体积含量为 70%，树脂基体的体积含量为 30%，所选直径分别为 8mm、10mm、12mm，采用 300kN 普通材料试验机加载设备对 GFRP 筋进行抗压性能测试。

<table>
<tr><td colspan="2">碱溶液配比</td><td>表 3.1</td></tr>
<tr><td colspan="2">Formula of alkaline solution</td><td>Table 3.1</td></tr>
<tr><td>溶质种类</td><td colspan="2">溶质含量</td></tr>
<tr><td>$Ca(OH)_2$/%</td><td colspan="2">24.55</td></tr>
<tr><td>KOH%</td><td colspan="2">5.21</td></tr>
<tr><td>NaOH/%</td><td colspan="2">4.07</td></tr>
</table>

试验模拟混凝土碱环境，人工配制了碱溶液，配比如表 3.1 所示。GFRP 筋长度为 400mm，每种直径各 12 根，分别浸入配置好的碱溶液中，密封好，为防止侵蚀离子从端部侵蚀筋体，造成试验结果的误差，在筋的端部用一定厚度的环氧树脂涂抹，自然风干一天一夜，在 20、40、60、80、100、120 天预定龄期时取出试件，截成长细比为 2.5 的小试件，用砂纸将表面打磨平整。试验分为 18 组，每组 6 个试件，共 108 个，在 24 小时内完成抗压试验。

将 GFRP 筋试件安放在试验机上，为防止加载过程中 GFRP 筋的碎裂部分崩出造成人员伤害，外加防护网。本试验以 10kN/min 的恒定加载速率进行手动加载，加载至试件破坏。

3.3　试验结果与分析

3.3.1　试验现象

图 3.1（a）给出了不同直径的 GFRP 筋在碱溶液中浸渍 20d 后的表面情况，图 3.1（b）给出了不同直径的 GFRP 筋在碱溶液中浸渍 120d 后的表面情况，随着浸渍时间的增长，GFRP 筋体表面首先出现白色的斑点，进而表面基本全部变白，直径越小，这种现象越明显。

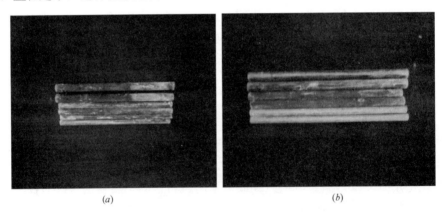

(a)　　　　　　　　　　　　　(b)

图 3.1　不同浸渍时间下 GFRP 筋的表面情况

Fig. 3.1　The appearance of GFRP bars with different immersion time

(a) 20 天碱溶液浸渍；(b) 100 天碱溶液浸渍

图 3.2 所示为 φ10 GFRP 筋在未腐蚀与腐蚀 60d、90d 三种不同情况下筋体表面变化情况。随着腐蚀时间的增加，GFRP 筋表面逐渐出现白色点状腐蚀现象，当浸泡时间达到 90d 时，筋体表面基本完全变白。

究其原因，首先是筋体表面薄弱点开始发生腐蚀，侵蚀离子逐渐渗入，由点

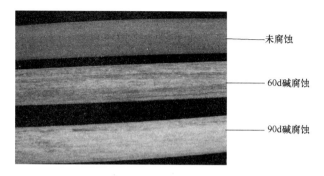

未腐蚀

60d碱腐蚀

90d碱腐蚀

图 3.2   直径 10mm GFRP 筋碱环境腐蚀对照图

Fig. 3.2   The comparison of appearance of 10 mm-diameter GFRP bars after corrosion

腐蚀逐渐扩大到整个表面区域。

3.3.2　受压破坏形态

对持续浸泡一定时间的 GFRP 筋进行受压试验，试验过程中加载力-位移曲线基本为直线，表明 GFRP 筋的抗压应力-应变呈线性关系，加载过程中没有明显现象发生，达到极限破坏荷载时，筋体破坏突然，同时伴有巨大声响。材料服从胡克定律，不发生塑性变形，是一种脆性材料。由于外加荷载撤销后，内部残余应力作用下，取下破坏试件后，还能听到轻微的撕裂声。实验过程中所听到的巨大爆裂声，实际上是纤维和树脂由于应力过大，过于集中导致的纤维断裂，树脂与纤维分离所发出声音，取下后轻微撕裂声为残余应力继续存在，致使纤维继续断裂。当腐蚀后材料进行压缩时，声音有所降低，因为侵蚀离子渗透后，导致树脂与纤维分离，纤维变脆，进而不再发生巨大声响。剪切破坏处可见压碎的树脂材料以及剪断的细小纤维。同时随着腐蚀时间的增加，试件的极限破坏荷载有所降低，筋体发生的声响也有所降低。

图 3.3 为典型的破坏形态图（直径 10mm GFRP 筋）。由图可见，未腐蚀情况下，试件破坏后断面纤维与树脂分离，但纤维具有一定韧性，破坏几乎不产生碎屑。腐蚀后，试件发生破坏时，筋体表面存在较多羽状剥离碎片，同时随腐蚀时间增加，碎片也逐渐增多；断面处纤维与树脂完全分离，纤维变脆，且碎纤维与树脂粉末较多。

通过对大量的试件进行受压测试后发现，随着浸泡时间的增加，部分试件仍表现为较好的剪切破坏（图 3.4a），而有些试件发生劈裂破坏（图 3.4b）。图 3.5 所示为两种破坏形态下试件端面破坏情况。可见，随着腐蚀时间的增加，GFRP 筋劣化区域不断增大，纤维与树脂分离界面逐渐向筋体中心区域扩散；在承受压缩荷载时，端部首先发生树脂压碎破坏，纤维与树脂开始出现剥离，随荷

图 3.3　不同腐蚀时间下直径 10mm GFRP 筋破坏形式

Fig. 3. 3　The failure modes of 10 mm-diameter GFRP bars with different corrosion time

载的增大，压碎区域逐渐扩大，同时促进筋体内部纤维与树脂间裂缝扩展，最终贯穿于整个筋体，发生劈裂破坏。试验发现，碱环境下浸泡时间越长，发生劈裂破坏的试件越多。

(a)　　　　　　　　　　　　　　(b)

图 3.4　两种 GFRP 筋破坏形式

Fig. 3. 4　Two failure modes of GFRP bars

(a) 剪切破坏；(b) 劈裂破坏

3.3.3　试验数据处理与分析

本文以直径 10mm GFRP 筋为例，图 3.6 (a)、(b) 分别给出了直径 10mm 的

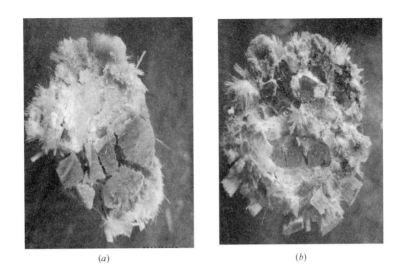

(a) (b)

图 3.5　GFRP 筋端面破坏形式

Fig. 3.5　Two failure modes of the end-face of GFRP bar

(a) 剪切破坏；(b) 劈裂破坏

GFRP 筋在人工海水溶液中浸渍 20d、120d 后的试验力-位移曲线图，对比图 3.6 (a)、(b) 可得不同浸渍时间下 GFRP 筋的受压试验力-位移曲线基本为直线，没有明显的屈服阶段，达到极限承载力后，筋体有很大的应变，承载力略有下降。

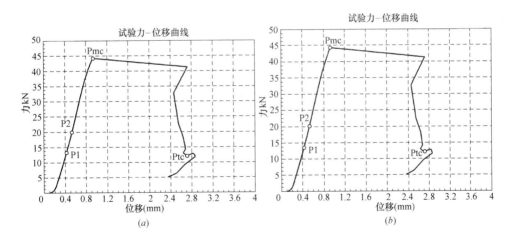

图 3.6　直径 10mm GFRP 筋在人工碱溶液浸渍下的试验力-位移曲线图

Fig. 3.6　Force-displacement curves of 10 mm-diameter GFRP

bars after corrosion in alkaline solution

(a) 20 天碱溶液浸渍；(b) 120 天碱溶液浸渍

表 3.2 列出不同直径的 GFRP 筋在不同浸渍时间下的破坏形式情况，可知在人工海水溶液浸渍下 GFRP 筋的受压破坏形式，以剪切破坏和劈裂破坏为主。图 3.4（a）给出了剪切破坏后的试件图，图 3.4（b）给出了劈裂破坏后的试件图。

不同直径的 GFRP 筋在不同浸渍时间下的破坏形式　　　　表 3.2

The failure modes of specimens with different diameter and immersion time

Table 3.2

直径 /mm	破坏形式	浸渍 20d	浸渍 40d	浸渍 60d	浸渍 80d	浸渍 100d	浸渍 120d	发生概率 /%
8	剪切破坏	3 个	3 个	2 个	1 个	1 个	0 个	27.78
	劈裂破坏	3 个	3 个	4 个	5 个	5 个	6 个	72.22
10	剪切破坏	4 个	3 个	3 个	2 个	1 个	1 个	38.89
	劈裂破坏	2 个	3 个	3 个	4 个	5 个	5 个	61.11
12	剪切破坏	4 个	4 个	3 个	2 个	2 个	1 个	44.44
	劈裂破坏	2 个	2 个	3 个	4 个	4 个	5 个	55.56

在 108 个试件中，剪切破坏的个数占 37.04%，劈裂破坏的个数占 62.96%。直径 12mm、10mm 和 8mm 的 GFRP 筋剪切破坏发生的概率分别为 44.44%、38.89% 和 27.78%，发生劈裂破坏的概率分别为 55.56%、61.11% 和 72.22%；试件的直径越小，劈裂破坏发生的概率越大。在 20d、40d、60d、80d、100d 和 120d 浸渍时间下，筋体发生剪切破坏的概率分别为 61.11%、55.56%、44.44%、27.78%、22.22% 和 11.11%，发生劈裂破坏的概率分别为 38.89%、44.44%、55.56%、72.22%、77.78% 和 88.89%；随着筋体浸渍时间的增长，发生剪切破坏的概率减小，发生劈裂破坏的概率增大。

应用统计分析方法处理数据取均值，得出碱溶液浸渍下三种直径的 GFRP 筋抗压强度指标如表 3.3 所示。直径 12mm、10mm 和 8mm 的筋体浸渍 20d 的极限承载力分别为 90.753kN、60.384kN 和 39.687kN，浸渍 120d 的极限承载力分别为 55.977kN、34.203kN 和 13.768kN。

图 3.7、图 3.8 和图 3.9 分别给出了 GFRP 筋极限承载力与人工海水浸渍时间关系曲线、GFRP 筋抗压强度保留率与浸渍时间关系曲线和 GFRP 筋弹性模量保留率与浸渍时间关系曲线。

分析表 3.3 和图 3.7、图 3.8、图 3.9，可以看出随着筋体浸渍时间的增长，GFRP 筋的极限承载力逐渐减小。直径 12mm、10mm 和 8mm 的筋体浸渍 20d 的抗压强度保留率分别为 98.50%、97.23% 和 94.21%，浸渍 120d 的抗压强度保留率分别为 60.75%、55.08% 和 32.68%，随着筋体浸渍时间的增长，GFRP

筋的抗压强度保留率逐渐减小，直径越小，减小幅度越明显；直径 12mm、10mm 和 8mm 的筋体浸渍 20d 的弹性模量保留率分别为 98.77％、90.38％ 和 97.66％，浸渍 120d 的弹性模量保留率分别为 66.14％、61.39％ 和 56.49％，随着筋体浸渍时间的增长，GFRP 筋的抗压强度保留率逐渐减小，直径越小，减小幅度越明显。

不同浸渍时间下的 GFRP 筋抗压强度指标　　　　　表 3.3

The compressive strength indexe of three-diameter GFRP bars in different immersion time

Table 3.3

直径	腐蚀时间 /d	破坏荷载均值/kN	抗压强度 /MPa	抗压强度保留率％	受压弹性模量均值/GPa	弹性模量保留率
8	0	42.128	838.535	100.00	70.987	100.00
	20	39.687	789.948	94.21	69.325	97.66
	40	33.125	659.335	78.63	62.102	87.48
	60	30.404	605.175	72.17	53.856	75.87
	80	23.133	460.450	54.91	50.231	70.76
	100	20.324	404.538	48.24	46.965	66.16
	120	13.768	274.045	32.68	40.102	56.49
10	0	62.102	791.108	100.00	80.023	100.00
	20	60.384	769.223	97.23	72.324	90.38
	40	51.217	652.446	82.47	69.001	86.23
	60	47.856	609.631	77.06	67.235	84.02
	80	44.567	567.732	71.76	59.147	73.91
	100	37.289	475.019	60.04	56.069	70.07
	120	34.203	435.707	55.08	49.124	61.39
12	0	92.138	815.092	100.00	92.237	100.00
	20	90.753	802.840	98.50	91.104	98.77
	40	81.576	721.656	88.54	85.384	92.57
	60	73.968	654.352	80.28	83.897	90.96
	80	66.104	584.784	71.74	73.328	79.50
	100	58.003	513.119	62.95	64.856	70.31
	120	55.977	495.196	60.75	61.006	66.14

　　GFRP 筋是拉挤成型的，材料本身有少量的离散性，某些位置的筋体存在一定的缺陷，筋体在溶液中浸渍时，水分通过筋体空隙渗入筋体，树脂吸水，产生大量的亲水集团，进而侵蚀离子进入筋体内部，起保护和粘结作用的树脂基体首先被侵蚀，筋体的树脂与纤维很容易分离。随着浸渍时间的增长，GFRP 筋的树脂破坏区域不断增大，逐渐向筋体中心扩散。在受压试验时，筋体的端部首先被压碎，纤维与树脂剥离，随着荷载的持续增大，剥离区扩展，最终筋体发生劈裂破坏。筋体的直径越小，筋体比表面积越大，侵蚀离子的扩散速度越快，筋体腐蚀则越严重，发生劈裂破坏的概率越大，抗压强度保留率，弹性模量保留率下降幅度越明显。

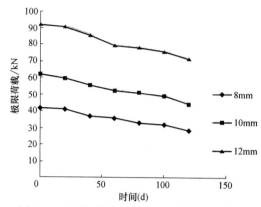

图 3.7　GFRP 筋极限承载力与浸渍时间关系
Fig. 3. 7　The relationship between ultimate load capacity and immersion time of GFRP bars

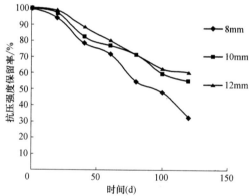

图 3.8　GFRP 筋抗压强度保留率与浸渍时间关系
Fig. 3. 8　The relationship between retention rate of compressive
strengths and immersion time of GFRP bars

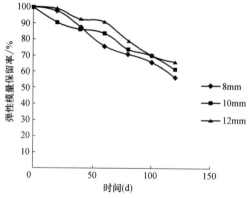

图 3.9　GFRP 筋弹性模量保留率与浸渍时间关系
Fig. 3. 9　The relationship between retention rate of elastic
modulus and immersion time of GFRP bars

第 4 章　盐环境下 GFRP 筋受压性能

4.1　前言

氯盐在地球上分布非常广泛，海洋、大气、地面、湖水、河流等均不同程度的含有氯盐，尤其是在沿海地区，氯离子浓度比较大。而由于氯盐腐蚀所带来的钢筋混凝土结构劣化问题也一直困扰着混凝土结构的进一步发展。因此，新型复合材料替代钢筋应用于混凝土结构中，同样需要对在氯盐环境下的耐久性能进行深入研究。

已有研究侧重于对 FRP 筋拉伸性能及与混凝土间的粘结性能分析研究，针对氯盐环境下 FRP 筋受压的性能少有人研究。故此，本章进行了 GFRP 筋氯盐溶液中持续浸泡试验，同时还进行一定循环次数的干湿交替试验，初步探讨研究在氯盐环境下 GFRP 筋受压性能的变化情况，为进一步进行多重因素作用下 GFRP 筋受压耐久性能影响提供借鉴参考。

4.2　氯盐环境下持续浸泡试验

4.2.1　试验概况

天然海水中含有大量盐类，其中 90％左右为氯化钠，在海水中一般盐含量约为 3％。为研究处于较高氯离子浓度条件下 GFRP 筋受压性能变化情况，故配制了 10％的氯化钠溶液，采用相同材料参数的 GFRP 筋进行持续浸泡试验。

与上一章中碱溶液浸泡试验相似，首先将三种不同直径的 GFRP 筋截断成300mm 长的浸泡试件。在到达预定浸泡时间（60d、90d、120d、150d）后，取出试件，待其自然风干后截断成长细比为 2.5∶1 的压缩试件，两端面打磨平整后进行材料的受压性能测试。试验加载装置为普通液压材料试验机，手动控制加载速率约为 15kN/min。

试验注意事项：

（1）为防止氯离子从断面处侵入试件，影响最终试验结果，在浸泡前需对试件两端进行一定防腐处理，均匀涂抹一定厚度的石蜡或者环氧树脂；

（2）为防止氯盐溶液中水分蒸发导致氯离子浓度升高，在整个试验过程中，溶液处于密封状态，取放试件时间尽量短；

（3）整个试验阶段，试件处于水平放置状态；

（4）到达预定浸泡时间后，取出试件在 24 小时内完成受压性能测试。

4.2.2　试验数据处理与分析

根据浸泡试验前后 GFRP 筋表面形式的对比发现，在氯盐溶液中持续浸泡后，试件表面未出现明显点蚀现象。初步认为氯盐环境持续浸泡对其物理性能影响轻微。与未腐蚀状态下进行受压性能测试相比，氯盐溶液持续浸泡后，受压过程基本未发生变化，随荷载增大，GFRP 筋应力-应变关系呈线性变化。当达到极限荷载时，没有任何预兆，突然发生破坏，并伴有较大声响。破坏以劈裂破坏、剪切破坏为主。受压性能测试相关数据如表 4.1～表 4.3 所示：

氯盐环境下 φ8 GFRP 筋抗压强度指标　　　　表 4.1

The compressive strength of φ8 GFRP bars in chloride environment　Table 4.1

直径/mm	腐蚀时间/d	破坏荷载均值/kN	抗压强度 $f'_{fu,k}$/MPa	抗压强度保留率/%	受压弹性模量 E'_f/GPa	弹性模量保留率/%
	0	41.018	816.041	100.00	71.149	100.00
	60	37.927	754.566	92.47	67.107	94.32
8	90	34.158	679.562	83.27	65.983	92.73
	120	30.609	608.968	74.62	61.970	87.10
	150	26.651	530.217	64.97	57.061	80.20

氯盐环境下 φ10 GFRP 筋抗压强度指标　　　　表 4.2

The compressive strength of φ10 GFRP bars in chloride environment　Table 4.2

直径/mm	腐蚀时间/d	破坏荷载均值/kN	抗压强度 $f'_{fu,k}$/MPa	抗压强度保留率/%	受压弹性模量 E'_f/GPa	弹性模量保留率/%
	0	58.974	750.904	100.00	79.581	100.00
	60	56.639	721.174	96.04	75.364	94.70
10	90	50.981	649.127	86.44	73.696	92.60
	120	46.551	592.721	78.93	67.165	84.40
	150	39.578	503.942	67.11	63.042	79.22

氯盐环境下 φ12 GFRP 筋抗压强度指标　　　　表 4.3

The compressive strength of φ12 GFRP bars in chloride environment　Table 4.3

直径/mm	腐蚀时间/d	破坏荷载均值/kN	抗压强度 $f'_{fu,k}$/MPa	抗压强度保留率/%	受压弹性模量 E'_f/GPa	弹性模量保留率/%
	0	91.903	812.628	100.00	89.953	100.00
	60	84.271	745.140	91.69	88.066	97.90
12	90	76.597	677.283	83.34	81.716	90.84
	120	73.428	649.268	79.89	82.364	91.56
	150	70.634	624.5556	76.86	81.706	90.83

　　通过抗压强度变化情况，表征出 GFRP 筋抗压性能变化规律。图 4.1、图 4.2 和图 4.3 分别给出不同试验参数下 GFRP 筋受压破坏荷载、抗压强度以及弹性模量变化情况。通过受压性能指标变化规律图可以看出：

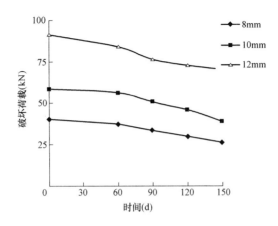

图 4.1　不同腐蚀时间下 GFRP 筋极限破坏荷载变化情况

Fig. 4.1　The variation of ultimate load of GFRP bars with different corrosion time

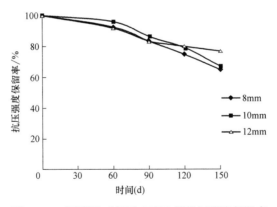

图 4.2　不同腐蚀时间下 GFRP 筋抗压强度保留率

Fig. 4.2　The variation of ultimate compressive strength of GFRP bars with different corrosion time

　　（1）随着浸泡时间增加，GFRP 筋极限破坏荷载值逐渐下降，受直径大小影响，直径越小，下降幅度越小，同时较大直径的 GFRP 筋在持续浸泡时存在一定数据波动。原因可能与其内部纤维与树脂受腐蚀程度较低有关。

　　（2）随在氯盐溶液中浸泡时间的增加，GFRP 筋抗压强度下降幅度与直径关系较明显。直径越大下降趋势越缓慢，直径为 12mm 的 GFRP 筋在 90d 后，抗压强度变化趋于稳定。

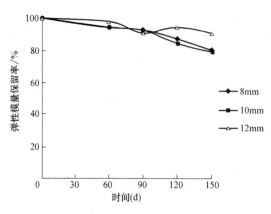

图 4.3 不同腐蚀时间下 GFRP 筋抗压弹性模量保留率

Fig. 4. 3 The variation of compression elastic modulus of GFRP bars with different corrosion time

（3）与碱性介质浸泡试验相比，在氯盐溶液持续浸泡试验中，三种直径 GFRP 筋抗压性能衰减程度均有所缓慢，持续浸泡 150d 后，受压极限破坏荷载值均比碱性溶液中浸泡 90d 时高。同样，在小直径试件中，碱溶液浸泡后已无法继续承受荷载，而氯盐溶液浸泡后还能很好承担部分荷载。

（4）氯盐腐蚀是导致钢筋锈蚀的主要原因，在本试验中，通过 GFRP 筋氯盐溶液持续浸泡 150d 后试验数据处理可以看出，GFRP 筋具有较好的抗氯盐腐蚀能力。

分析 GFRP 筋在氯盐环境下腐蚀机理：

一般认为，氯离子在 GFRP 筋中的侵入过程是一个扩散过程。随着试件在氯盐溶液浸泡时间的增长，其劣化过程一般为：首先是树脂基体吸水溶胀，在纤维与树脂界面产生内应力，氯离子的不断渗透作用使内应力逐渐加大，进而导致微裂纹产生，界面结合力下降；其次是渗透到纤维与树脂界面处的水使界面处发生水解反应，导致结合力降低；同时外界环境中的氯离子还可通过 GFRP 筋表面的微观缺陷，经过复杂的物理化学过程与水分子一起扩散进入到筋体内部；侵入筋体内部的氯离子，一般以自由离子状态存在于 GFRP 筋纤维与树脂间的孔隙中。

试件浸泡时间越长，水的扩散率越大，基体内渗入的有害离子也就越多，进而导致界面结合力下降也越大。

4.3 氯盐环境下干湿交替循环试验

4.3.1 试验简介

已有 FRP 筋耐久性能研究，着重于研究单一条件下对其力学性能的影响，针对多重因素作用下的研究还较少。基于上述氯盐溶液持续浸泡试验，进行相应的干湿交替循环试验，以模拟沿海地区潮汐涨落作用对 GFRP 筋受压性能的影响。

　　该试验使用溶液与持续进行氯盐溶液浸泡试验所用溶液相同，为 10％氯化钠水溶液。浸泡试验与前一节相似，先将 GFRP 筋截断成约 30mm 长度的浸泡试件，两端进行一定防腐处理，然后将试件浸泡至溶液中。以 16 小时为一次干湿交替循环，即将试件浸泡 8h 后取出，自然风干 8h 后继续浸泡。分别进行预定循环次数（25、50、75、100、125、150 次）后对 GFRP 筋材料进行受压性能测试。

　　试验注意事项：

　　（1）进行干湿交替循环时，取放试件注意尽量避免发生磕碰现象，以降低由于表面损伤造成受压性能测试数据误差。

　　（2）由于较为频繁的取放试件，在整个干湿交替循环过程应注意溶液浓度变化，尽量保证维持在初始浸泡时浓度，取放过程中造成溶液损失，注意添加适量水分。

　　（3）取出风干过程中注意保持试件所处环境，避免处于温度变化较大以及光照强烈地方，以降低温度、紫外线等因素所造成的影响。

　　（4）到达预定次数后，取出试件，在 24 小时内完成受压性能测试。

4.3.2　试验数据处理与分析

　　在进行 GFRP 筋干湿交替循环试验过程中，随着循环次数的增加，在 100 次循环试验时，截断的小试件断面打磨后发现放置一段时间后断面处部分区域有潮解现象发生。认为是氯离子与钠离子随着水分子的扩散，直接渗透至 GFRP 筋材料内部。在干燥过程中，能够清晰发现筋体表面残留的盐渍，但筋体表面宏观上无明显坑蚀、点蚀现象。

　　对腐蚀后的 GFRP 筋进行受压性能测试，压缩过程中其应力-应变关系曲线基本呈线性变化，达到极限荷载时无预兆破坏，为明显的脆性破坏。破坏主要表现为劈裂破坏、剪切破坏。相关试验参数参见表 4.4～表 4.6 所示。

不同干湿循环次数下 ϕ8 GFRP 筋抗压强度指标　　　　表 4.4

The compressive strength of ϕ8 GFRP bars with different dry-wet cycles

Table 4.4

直径/mm	循环次数	破坏荷载均值/kN	抗压强度 $f'_{fu,k}$/MPa	抗压强度保留率/%	受压弹性模量 E'_f/GPa	弹性模量保留率/%
8	0	41.018	816.041	100.00	71.149	100.00
	25	35.903	753.024	92.28	70.938	99.70
	50	35.473	705.740	86.48	65.874	92.58
	75	33.89	674.24	82.62	61.374	86.26
	100	31.67	630.073	77.21	58.677	82.47
	125	32.247	650.366	79.69	59.961	84.27
	150	29.59	588.69	72.14	55.615	78.16

不同干湿循环次数下 φ10 GFRP 筋抗压强度指标　表 4.5

The compressive strength of φ10 GFRP bars with different dry-wet cycles　Table 4.5

直径/mm	循环次数	破坏荷载均值/kN	抗压强度 $f'_{\text{fu,k}}$/MPa	抗压强度保留率/%	受压弹性模量 E'_{f}/GPa	弹性模量保留率/%
10	0	58.974	750.904	100.00	79.581	100.00
	25	58.712	747.54	99.55	74.377	93.460
	50	56.61	720.80	95.99	71.084	89.32
	75	52.44	668.725	89.06	69.301	87.08
10	100	49.42	629.253	83.80	68.575	86.17
	125	50.6	644.278	85.80	70.508	88.60
	150	48.16	613.210	81.66	69.019	86.72

不同干湿循环次数下 φ12 GFRP 筋抗压强度指标　表 4.6

The compressive strength of φ12 GFRP bars with different dry-wet cycles　Table 4.6

直径/mm	循环次数	破坏荷载均值/kN	抗压强度 $f'_{\text{fu,k}}$/MPa	抗压强度保留率/%	受压弹性模量 E'_{f}/GPa	弹性模量保留率/%
12	0	91.903	812.628	100.00	91.101	100.00
	25	83.59	739.119	90.95	89.192	97.90
	50	81.49	720.551	88.87	86.04	94.44
	75	75.96	671.653	82.65	82.405	90.45
	100	71.25	630.007	77.52	84.417	92.66
	125	70.732	625.427	76.96	78.705	86.39
	150	67.01	592.526	72.91	71.597	78.59

　　同样根据试验所测得的极限荷载值、抗压强度、抗压弹性模量等绘制出随循环次数的变化曲线，以此反应 GFRP 筋抗压性能变化规律。图 4.4、图 4.5 和图 4.6 分别给出不同试验参数下 GFRP 筋受压破坏荷载、抗压强度以及弹性模量变化情况。

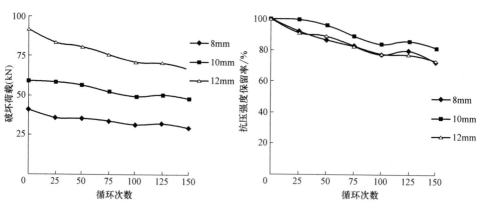

图 4.4　不同循环次数 GFRP 筋极限破坏荷载变化情况

Fig. 4.4　The variation of ultimate load of GFRP bars with different dry-wet cycles

图 4.5　不同循环次数 GFRP 筋抗压强度保留率

Fig. 4.5　The variation of retention rates of ultimate compressive strength of GFRP bars with different dry-wet cycles

通过变化规律图可以看出：

（1）随循环次数的增加，GFRP 筋受压破坏极限荷载值缓慢下降，相比较之前持续浸泡试验，在交替循环试验中小直径的GFRP 筋荷载值下降较为舒缓。

（2）干湿交替循环试验中，GFRP 筋抗压强度变化规律与循环次数、筋体直径有关。总体上看出，随循环次数的增加，抗压强度及抗压弹性模量呈下降趋势，但有较大的离散性。原因可能与长时间浸泡循环过程中取放试件时有磕碰现象发生有关。

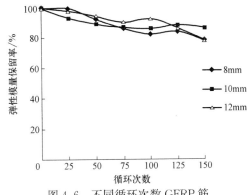

图 4.6　不同循环次数 GFRP 筋
抗压弹性模量保留率

Fig. 4.6　The variation of retention rates of compressive elastic modulus of GFRP bars with different dry-wet cycles

在干湿交替的环境下，氯离子侵入 GFRP 筋内部主要以毛细管作用和对流作用为主。在筋体表面存在微小缺陷时，循环过程中风干程度越高，再次浸泡时离子扩散越显著。

分析在干湿交替循环试验中抗压强度变化情况，主要还是由于筋体内部微小缺陷导致。量化生产的 GFRP 筋容易在生产过程中纤维与树脂间结合不够紧密，存在一定的孔隙。随着筋体的孔隙率增大，直径越大的筋体所含孔隙也相对较多。在氯盐溶液中浸泡时，氯离子与钠离子随着水分渗透扩散进入筋体内部，当取出干燥时，离子在孔隙内部由于缺水而发生结晶，从液态转换成固态，体积发生膨胀，这就在一定程度上导致筋体孔隙内存在微小内应力，使得纤维与树脂粘结界面开始出现微裂纹，界面结合力下降。随着浸泡、干燥循环往复，渗透扩散的侵蚀离子不断重复溶解、结晶过程，体积的不断变化造成筋体内部孔隙的不断扩展，纤维与树脂间界面结合力不断下降，进而对整体的抗压性能产生影响。

针对三种不同环境下 GFRP 筋抗压性能变化情况，将碱溶液、氯盐溶液以及干湿循环相关试验参数做对照，选择持续浸泡 90 天、循环次数为 125 次进行对比，试验数据如表 4.7 所示。

通过对比可以看出，相同腐蚀时间内，碱环境对 GFRP 筋抗压性能影响最显著，其次是干湿交替循环试验，单纯氯盐浸泡对 GFRP 筋抗压性能影响相对最小。所以在工程应用中，尽量避免将 GFRP 筋应用于碱性环境下；同时处于有湿度变化的工作状况下应用时，应采取一定保护措施，以降低湿度变化对筋体性能的影响。

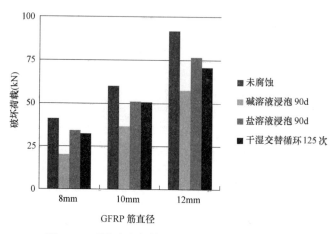

图 4.7　不同试验参数下 GFRP 筋受压破坏荷载

Fig. 4.7　The failure loads of GFRP bars under different experimental conditions

三种腐蚀环境下 GFRP 筋抗压性能测试数据　　　　表 4.7

The compressive strength of GFRP bars under three corrosion condition　Table 4.7

直径/mm	腐蚀条件	破坏荷载/kN	抗压强度 $f'_{\mathrm{fu,k}}$/MPa	受压弹性模量 E'_{f}/GPa
8	未腐蚀	41.018	816.041	71.149
	碱溶液 90d	20.156	401.016	43.826
	盐溶液 90d	34.158	679.562	65.983
	干湿交替 125 次	32.247	650.366	59.961
10	未腐蚀	58.974	750.904	79.581
	碱溶液 90d	36.561	465.521	61.006
	盐溶液 90d	50.981	649.127	73.696
	干湿交替 125 次	50.6	644.278	70.508
12	未腐蚀	91.903	812.628	89.953
	碱溶液 90d	57.492	508.353	72.505
	盐溶液 90d	76.597	677.283	81.716
	干湿交替 125 次	70.732	625.427	78.705

　　已有的钢筋锈蚀研究中，针对锈蚀钢筋力学性能、钢筋锈蚀影响因素等，研究人员建立了混凝土中钢筋锈蚀计算模型。而针对 GFRP 筋的耐久性问题，还缺乏相关计算模型。

4.4　试验误差讨论

　　在进行氯盐浸泡和干湿交替循环试验过程中，试验数据出现一定的离散性，对可能存在的影响因素进行分析，根据不同情况造成的误差原因进行总结，为以后做该种类型试验提供一定的借鉴。

　　（1）试验过程中由量具、加工工具、加载装置等引起的系统误差。

（2）进行压缩性能测试时操作仪器以及外界因素所引起的偶然误差。为避免该情况下的偶然误差，在确定的测量条件下，针对同一物理量进行多次测量，用其算数平均值作为测量结果，能够较好地减少偶然误差。

（3）在长期浸泡过程中各种成型因素对 GFRP 筋表面质量的影响所带来的误差，如表面处理的微小裂缝或创伤。

（4）由于长期浸泡过程中溶液温度变化以及在进行交替循环时材料试件所处环境等因素所带来的误差。

同时，由于整个试验过程较为漫长，需要多次进行材料压缩性能试验。为避免较多次数进行材料性能测试所带来的系统误差，可分批次将 GFRP 筋进行持续浸泡和交替循环，做到最终一次性取出试件进行处理后测试其受压性能。

4.5　小结

本章节通过进行氯盐溶液持续浸泡和 GFRP 筋干湿交替循环试验，考察在单一环境因素和双重环境因素作用下 GFRP 筋抗压性能变化情况，得到如下结论：

（1）氯盐环境持续浸泡下 GFRP 筋抗压强度随浸泡时间的增加有所下降，但降低较小，直径越大其抗压弹性模量衰减程度越不明显。

（2）与持续浸泡试验相比，在湿度变化、氯盐浸泡两种因素共同作用下的干湿交替循环试验所测得的 GFRP 筋极限破坏荷载值变化显著，GFRP 筋抗压强度下降明显；同时也存在直径影响，与浸泡试验不同的是直径较大的 GFRP 筋抗压强度降低较为缓慢。

（3）针对碱溶液、盐溶液、干湿交替三种不同腐蚀条件下 GFRP 筋受压性能测试结果进行对比发现，在相同腐蚀时间内，对 GFRP 筋抗压性能造成危害最大的是碱性溶液。同时多重因素的作用也较为明显，双重环境作用下其力学性能变化情况要比单一环境因素作用显著得多。所以，针对 GFRP 筋耐久性能的研究还需要充分考虑多重环境因素的作用，方能完善其力学性能理论，为充分发挥其优越性能奠定试验基础。

除环境因素造成 GFRP 筋抗压性能下降外，人为因素也应给予一定考虑，如生产、运输、加工过程，均需要对材料进行保护，筋体表面的缺陷将会对侵蚀离子扩散起到较大促进作用。

第5章 GFRP 筋混凝土短柱轴心受压试验

5.1 前言

钢筋混凝土结构在实际工程中，除受弯构件外，更多的则是受压构件。由于施工制作过程中的误差、荷载作用位置的偏差、混凝土的不均匀性等原因，导致理想的轴心受压构件几乎不存在，但考虑到以恒荷载为主的多层房屋的内柱等，主要承受轴向力，所受偏心力较小（一般偏心力作用产生的应力不足总体应力的3%），可以认为是轴心受压构件。

人们已将 FRP 筋作为受拉筋应用于工程中，同时也有一些研究人员尝试将 FRP 筋或 FRP 箍筋替换或部分替换钢筋应用于混凝土柱中，以研究 FRP 筋混凝土柱的相关力学性能，以求补充 FRP 筋作为受压柱的增强筋试验数据，发挥 FRP 筋的优越性能，以此提高混凝土柱的耐久性，降低综合成本。

本章通过对 12 根配有带肋 GFRP 筋的混凝土轴心受压短柱进行轴压试验，研究不同配筋率、配箍率条件下受压柱的力学性能、破坏特征等。

5.2 试验概况

5.2.1 GFRP 筋材料试验

本次试验采用由淮南金德实业有限公司提供的 GFRP 筋，以玻璃纤维为增强材料，以拉挤树脂及辅助剂等作为粘结材料，经过拉挤牵引等工艺制成。

图 5.1 带肋 GFRP 筋

Fig. 5.1 Ribbed GFRP bars

为提高与混凝土间粘结性能，在纤维束浸渍树脂基体后，螺旋缠绕在 GFRP 筋表面，固化后形成类似钢筋的肋（图 5.1）。选作受力筋的 GFRP 筋直径为 7.9mm。

首先对试验用 GFRP 筋进行受压性能测试，测试结果如表 5.1 所示。在受压过程中，其材料应力-应变曲线基本为一直线（图 5.2），破坏时较为突然，无明显预兆发生。随着荷载的逐渐增大，树脂与纤维间的横向变形逐渐增加，纤维与树脂界面薄弱点开始脱离，荷载继续增大，脱离区域越来越大，最终导致裂纹的不断扩展，导致筋体发生破坏。试验采用带肋 GFRP 筋，纤维束约束效果与前文中所用光面 GFRP 筋相比较差。在压缩性能测试中，由于采用小长细比试件进行测试，端部缺乏必要的约束，试验中表现为纤维与树脂分别弯曲，导致试件被压碎。

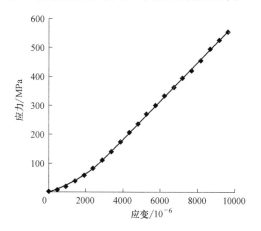

图 5.2　GFRP 筋受压应力应变曲线

Fig. 5.2　The compressive stress-strain curve of GFRP bars

实测 GFRP 筋的抗压性能参数　　　　　　　　　　　表 5.1

Compressive test results of GFRP bars　　　　　　Table 5.1

直径/mm	长细比	受压破坏荷载/kN	抗压强度 $f'_{\mathrm{fu,k}}$/MPa	受压弹性模量 E'_{f}/GPa
7.9	2	33.31	674.44	60.38
7.9	2.5	36.10	726.53	62.47

5.2.2　GFRP 筋混凝土短柱设计

本试验为达到预期试验目的，共设计制作了 12 个 GFRP 筋混凝土轴心受压短柱。试件 ZH1～试件 ZH3 箍筋间距为 75mm，配有 4 根纵筋；试件 ZH4～试件 ZH6 箍筋间距 75mm，配有 8 根纵筋；试件 ZH7～试件 ZH9 箍筋间距 50mm，配有 8 根纵筋；试件 ZH10～试件 ZH12 箍筋间距为 50mm，配有 8 根纵筋。纵筋的混凝土保护层厚度为 10mm。试验用混凝土强度实测值如表 5.2 所示。

为防止轴压柱端先发生破坏，在柱子的两端分别设计柱头、柱脚，柱身内部 GFRP 筋贯穿柱头，同时柱头内布置 8 根纵向短钢筋，另外添加适量箍筋、十字箍。具体设计参数参见表 5.3。

混凝土立方体试件强度参数		表 5.2
Mechanical properties of concrete cube specimens		Table 5.2
试件标号	实测混凝土破坏荷载值/kN	实测混凝土强度（MPa）
ZZ-1	1159	22.89
ZZ-2	1220	24.09
ZZ-3	1078	21.29
ZZ-4	970	19.16
均值	1106.75	21.86

轴心受压柱试验参数			表 5.3
Section details of the axially loaded specimens			Table 5.3
试件编号	箍筋间距 s(mm)	纵筋配筋率 ρ(%)	配筋方式
ZH-1	75	0.893	$4 \times \phi 7.9$
ZH-2	75	0.893	$4 \times \phi 7.9$
ZH-3	75	0.893	$4 \times \phi 7.9$
ZH-4	75	1.786	$8 \times \phi 7.9$
ZH-5	75	1.786	$8 \times \phi 7.9$
ZH-6	75	1.786	$8 \times \phi 7.9$
ZH-7	50	0.893	$4 \times \phi 7.9$
ZH-8	50	0.893	$4 \times \phi 7.9$
ZH-9	50	0.893	$4 \times \phi 7.9$
ZH-10	50	1.786	$8 \times \phi 7.9$
ZH-11	50	1.786	$8 \times \phi 7.9$
ZH-12	50	1.786	$8 \times \phi 7.9$

GFRP 筋混凝土轴心受压柱试件图和配筋图见图 5.3、图 5.4。

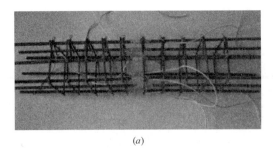 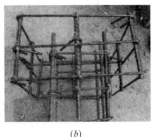

(a)　　　　　　　　　　　　　　　(b)

图 5.3　箍筋和 GFRP 筋的绑扎

Fig. 5.3　Assembling stirrup and longitudinal GFRP reinforcement

(a) GFRP 筋笼；(b) 柱头钢筋笼

构件中柱头与柱脚作用：传递垂直压力，尽量减小附加弯矩，使其具有"铰"的支撑特性。能够有效防止柱端发生局部破坏。同时柱头内部布置的井字箍与十字箍需要保证物理形心和几何形心重合。

本次试验所有构件均在室外水泥地面上浇筑，浇筑时为卧式浇筑（图 5.5），

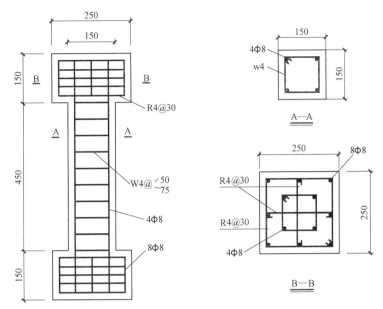

图 5.4　试件配筋图

Fig. 5.4　Diagram of reinforcement

振捣时应尽量避免碰到 GFRP 筋。浇筑构件的同时，每批次构件还浇筑用于测试立方体抗压强度的试块各三块。试块采用 150mm×150mm×150mm 的立方体试块。试件浇筑完成一周后拆除模板，为防止水分蒸发过快，拆模初期每天至少浇水 2～3 次，拆模后每 3～5d 浇水养护一次，直到龄期 28d 为止。试件和混凝土试块同条件进行养护。

图 5.5　浇筑前试件

Fig. 5.5　The specimen before concrete casting

5.2.3　试验加载方案

本试验加载装置采用的是沈阳建筑大学结构工程实验室的 500T 压力试验机，持续加载直至破坏。GFRP 筋压缩性能试验采用普通万能试验机。

图 5.6　加载图及应变测量

Fig. 5.6　The loading configuration and strain measurement

在试验测试过程中，通过电阻应变片采集内置的纵筋（GFRP筋）、混凝土的应变变化。在本次试验中，针对混凝土应变采集点，选择在GFRP筋附近布置测点，每侧面布置两个测点。布置相应位移计，以估测轴压柱柱身压缩变形量。

试验现场及试验装置如图 5.6 所示。

试验操作步骤：

（1）将试件放置试验台正中，上下表面各铺垫少量细砂，上表面用水平尺找平，以保证荷载均匀施加到构件上，保证构件处于轴心受压状态。

（2）安装位移计，连接应变片等仪表仪器，同时对采集板数据进行调试。

（3）试验正式开始，首先施加较小荷载，待构件采集数据稳定时开始持续施加荷载；加载过程中，注意构件柱柱身裂缝变化。

（4）记录构件开裂荷载及最终荷载，观察记录柱身破坏形态、裂纹形式，保存试验数据。

5.3　GFRP筋混凝土短柱轴心受压试验结果与分析

5.3.1　破坏形态

本次试验主要破坏形态为轴压破坏，部分出现柱身纵向劈裂破坏。

轴压破坏：破坏开始于柱身中部，首先是纵向出现微小裂缝，随荷载逐渐增大，裂缝迅速扩展，同时横向裂缝出现，柱子四周混凝土崩裂破坏。本次试验中大部分柱均发生这种破坏形式，完全破坏前有短时间预兆。轴压破坏如图 5.7 所示。

纵向劈裂破坏：由于制作过程中柱头出现偏移，受压过程中无法达到轴心受压状态，故随荷载增大，首先混凝土保护层处发生纵向裂缝，柱头部位存在的薄弱点发生混凝土压碎破坏，柱身存在一定程度倾斜。本次试验中 ZH-12 号件发生劈裂破坏，混凝土保护层处开裂，如图 5.8 所示。

参考文献中钢筋混凝土短柱的破坏形式：混凝土首先出现微小裂缝，随荷载的不断增加，裂缝逐渐扩展合并，连接呈纵向劈裂裂缝，造成整体的碎裂。一般

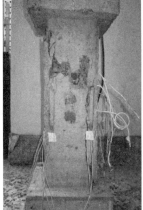

图 5.7 轴压破坏形态

Fig. 5.7 Failure modes of specimens under axial loading

图 5.8 劈裂破坏形态

Fig. 5.8 Splitting failure mode

表现为混凝土压碎，钢筋压屈，而 GFRP 筋混凝土短柱的破坏过程则带有很大的脆性破坏特征。

由于 GFRP 筋的应力-应变关系呈线性，GFRP 筋混凝土轴心受压短柱在加载过程中没有钢筋混凝土短柱常见的屈服阶段，因此柱身裂缝开裂不是很明显，短柱破坏比较突然，破坏时混凝土完全压碎，可以听到很大的声响。随荷载的增加，一般无任何预兆就发生破坏，通过观察构件破坏形态，一般均为脆性破坏。

剖开压碎的混凝土后，可以看到内部的 GFRP 筋大多未被压曲，出现压碎的部位一般为混凝土与箍筋共同作用，阻止了 GFRP 筋的局部弯曲。同时还能观察到，GFRP 筋与混凝土间的粘结不甚理想（图 5.9），这也在一定程度上降低了柱的轴压承载力。

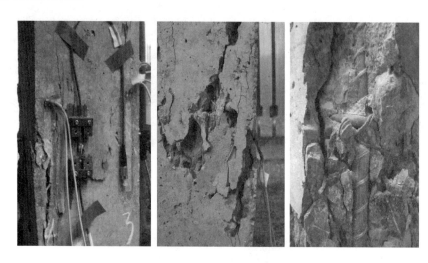

图 5.9　柱身破坏详图

Fig. 5.9　Details of failure in column

综合各构件破坏情况可以看出，设置柱头柱脚后，能够较好的保证在试验加载过程中构件处于轴心受压状态。

5.3.2　试验结果与分析

GFRP 筋混凝土短柱试验结果如表 5.4 所示，从试验结果可以看出，在箍筋间距相同的条件下，随着配筋率的增加，轴心受压柱极限承载力也随之提高。而相应在配筋率一样的前提下，箍筋间距适当减小，有利于短柱承载力的提高。GFRP 筋的实际抗压强度远高于在材料试验中所测得的极限抗压强度值。原因在于小长细比试件进行压缩性能试验时，在没有约束的情况下，纤维与树脂接触界面不协调，其抗压强度很难发挥出来，往往先发生失稳破坏，而在混凝土约束作用下，可以一定程度上减缓失稳破坏的发生，使得 GFRP 筋的抗压强度可以更好地发挥出来。

总体来说，GFRP 筋混凝土柱在承载力方面要优于钢筋混凝土短柱，但在破坏过程中，发生脆性破坏的可能较大，箍筋起到较好的束缚作用，由于混凝土与GFRP 筋同时都为脆性材料，而且 GFRP 筋的弹性模量较低，刚度有所不足，在受压荷载作用下，并不能有效地协同工作。

GFRP 筋混凝土短柱试验结果　　　　　　　　表 5.4

The test result of GFRP bars reinforced concrete stub column　　　Table 5.4

试件编号	箍筋间距 s/mm	纵筋配筋率 ρ/%	配筋方式	极限荷载/kN	备注
ZH-1	75	0.893	$4\times\phi7.9$	876	变截面处破坏
ZH-2	75	0.893	$4\times\phi7.9$	944	轻微劈裂破坏
ZH-3	75	0.893	$4\times\phi7.9$	777	柱身中部破坏
ZH-4	75	1.786	$8\times\phi7.9$	1059	部分崩裂
ZH-5	75	1.786	$8\times\phi7.9$	1022	裂缝较小
ZH-6	75	1.786	$8\times\phi7.9$	913	裂纹出现后卸载
ZH-7	50	0.893	$4\times\phi7.9$	1007	柱身正中破坏
ZH-8	50	0.893	$4\times\phi7.9$	929	柱身开裂后破坏
ZH-9	50	0.893	$4\times\phi7.9$	944	发生局压破坏
ZH-10	50	1.786	$8\times\phi7.9$	1028	柱身开裂
ZH-11	50	1.786	$8\times\phi7.9$	1028	柱头上端首先开裂
ZH-12	50	1.786	$8\times\phi7.9$	738	劈裂破坏

5.3.3　荷载-变形关系

在加载过程初期，GFRP 筋混凝土柱的变形和荷载关系基本呈线性关系，如图 5.10 所示，随着荷载的增加，混凝土变形逐渐增大，变化较为均匀。

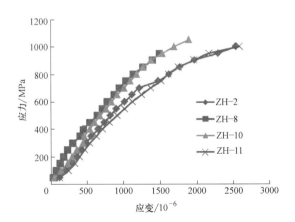

图 5.10　GFRP 筋混凝土短柱荷载应变曲线

Fig. 5.10　Load-axial strain curve of GFRP bars reinforced concrete stub square column

在加载过程中，裂缝首先出现于柱身竖向，荷载继续增加，裂缝逐渐扩展。同时由于内置的 GFRP 筋同样为脆性材料，应力-应变关系为线性，故在整个试验破坏过程中，没有出现钢筋混凝土柱常见的屈服阶段。因此，整个柱身裂缝开展并不明显，破坏时较突然，并伴有较大声响。

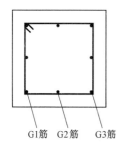

图 5.11　GFRP 筋编号图

Fig. 5.11　GFRP bar numbering

5.3.4　应变分布

对纵筋进行编号如图 5.11 所示。

（1）ZH-2 试件的荷载-应变分布曲线，如图 5.12 所示。在加载初期，柱受力较小，荷载变形曲线近似呈线性上升状态，该阶段中混凝土处于弹性工作阶段，应力与应变成正比关系。随着荷载的进一步增大，混凝土与 GFRP 筋的应力和应变也不断增加。从图 5.12 可以看出，无论 GFRP 筋与混凝土监测应变区域是否靠近，最终都是混凝土先压碎，然后GFRP 筋发生压曲破坏。与 ZH-2 构件相类似的还有 ZH-6（图 5.13）。

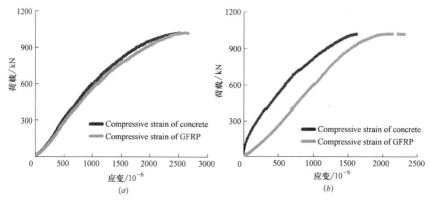

图 5.12　ZH-2 GFRP 筋混凝土短柱荷载-应变分布曲线

Fig. 5.12　Load-axial strain curves for concrete and GFRP bar of specimen ZH-2

（a）ZH-2 试件 G1 筋与混凝土应变；（b）ZH-2 试件 G1 筋与中心处混凝土应变

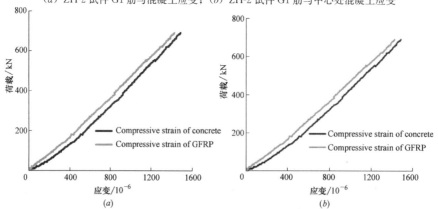

图 5.13　ZH-6 GFRP 筋混凝土短柱荷载-应变分布曲线

Fig. 5.13　Load-axial strain curves for concrete and GFRP bar of specimen ZH-6

（a）ZH-6 试件 G1 筋与混凝土应变；（b）ZH-6 试件 G2 筋与混凝土应变

（2）从图 5.14 可以看出，在同一荷载水平作用下，加载前期 GFRP 筋应变与混凝土应变几乎相同，说明两者间未发生粘结滑移，而在加载后期，随着荷载增大，混凝土保护层被压碎，混凝土横向变形变大，对 GFRP 筋约束减弱导致两者间粘结强度变弱，使得两者压应变开始逐渐表现出差异。相类似的有试件 ZH-10（图 5.15）。

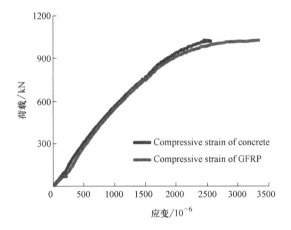

图 5.14 ZH-11 混凝土柱荷载-应变关系

Fig. 5.14 Load-axial strain curves for concrete and GFRP bar of specimen ZH-11

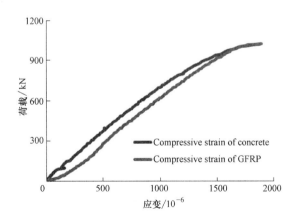

图 5.15 ZH-10 混凝土柱荷载-应变关系

Fig. 5.15 Load-axial strain curves for concrete and GFRP bar of specimen ZH-10

反映出 GFRP 筋受压破坏时极限压应变与混凝土破坏时极限压应变的差异，即在混凝土受压破坏时，GFRP 筋还未发生破坏。同时 GFRP 筋在构件中受混凝土约束作用的影响，造成 GFRP 筋受压弯曲现象的发生，致使部分 GFRP 筋发生压曲破坏。

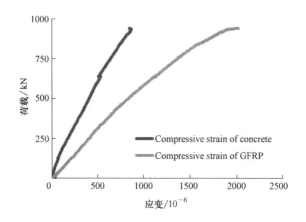

图 5.16　ZH-9 混凝土柱荷载-应变关系

Fig. 5. 16　Load-axial strain curves for concrete and GFRP bar of specimen ZH-9

（3）试件 ZH-9 发生较明显的局压破坏。破坏开始于柱头与柱身交界面。由于浇筑过程中振捣不充分，在变截面处存在较大缺陷。进行轴心受压时，在变截面处形成应力集中，该处混凝土被压碎，在上部发生局压破坏时，沿柱身向下出现劈裂裂纹，裂缝沿内置 GFRP 筋位置，将混凝土保护层剥离。GFRP 筋与混凝土应变出现较大偏差，可能是应变片初始存在的误差导致。

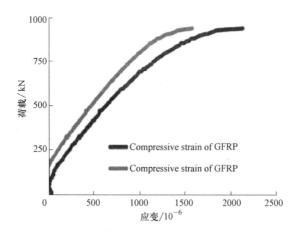

图 5.17　ZH-5 试件 G1 筋与 G2 筋荷载应变关系曲线

Fig. 5. 17　Load-axial strain curves for G1 and G2 of specimen ZH-5

（4）在试件 ZH-5 中，通过 G2 筋与 G1 筋的荷载-应变关系可以看出，随荷载增加，GFRP 筋应变均近似呈线性增长。当荷载施加到一定程度后，G1 首先发生破坏，此时柱身完全破坏，而作为 G2 筋还可承受一定应力，还能继续采集到应变。

5.3.5 承载力影响因素

根据钢筋混凝土轴心受压短柱的相关理论，认为在 GFRP 筋混凝土柱受压试验中，影响其轴心受压承载力的主要因素同样是：纵筋配筋率、体积配箍率。

（1）纵筋配筋率。配筋率不仅决定了 GFRP 筋混凝土轴心受压柱的变形能力，同样也是影响轴心受压承载力的主要因素。根据试验所测得的极限破坏荷载可知，在 12 根混凝土柱中，箍筋间距相等情况下，承载力随纵筋配筋率的提高而增大。

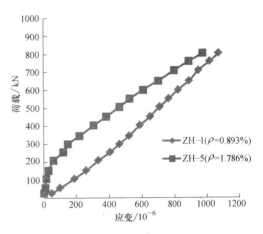

图 5.18　配筋率与承载力间关系

Fig. 5.18　The relation of reinforcement ratio and compression capacity

通过图 5.18 的曲线可以看出，从加载初期到构件破坏，随着构件中纵筋配筋率的提高，其承载力也在提高。ZH-1 中含有 4 根纵筋，ZH-5 中含有 8 根纵筋。

（2）体积配箍率。配箍率的大小关系到纵筋的约束能力，间距越小对纵筋的约束越好，纵筋受压时越不易发生侧向屈曲，承载力越高；间距越大，约束能力越差，受压时纵筋极易发生屈曲，承载力较低。箍筋间距的缩小，一定程度上增加了对核心处混凝土的约束，提高了混凝土的抗压强度，加强了核心区混凝土抵抗外力的能力。同时间距的减小，增加了对纵筋的约束，提高了纵筋抵抗变形能力。

从以上分析可以看出，随着等体积下配箍率的增大，构件的承载力增大，同时对混凝土中的峰值压应变有一定的影响；纵筋配筋率的提高，使得构件承载力随之提高，对应的混凝土峰值应变也有所提高。

5.4　小结

本章通过对 12 根不同参数的 GFRP 筋混凝土轴心受压短柱进行轴心受压试验，探讨了不同配筋率、配箍率等因素对轴心受压构件承载力的影响。通过试验可知：

（1）从承载力方面考虑，GFRP 筋能够作为受压构件中受力筋，一般情况下混凝土发生破坏后 GFRP 筋仍能保持完好。但由于 GFRP 筋和混凝土均为脆性材料，受压破坏时无明显预兆，破坏突然，这就要求 GFRP 筋用于受压构件中时需要采用相关措施来提高使用安全性。

（2）在箍筋间距相同条件下，随着配筋率的增加，GFRP 筋混凝土轴心受压柱的承载能力有所提高；在配筋率相同的条件下，配箍率的提高有助于增强短柱的轴心受压承载力。

（3）荷载作用下，初始阶段 GFRP 筋和混凝土应变变化均呈线弹性关系，随荷载增加，因其弹性模量不同，二者应变出现差异，最终导致在混凝土压碎破坏时，GFRP 筋仍能保持完好。

（4）针对混凝土轴心受压柱试验，在柱身两端增设柱头，能够较好地保证实现轴心加载。

第6章 GFRP筋混凝土中长柱轴心受压试验

6.1 前言

上一章主要介绍 GFRP 筋混凝土短柱轴压性能试验，本章主要通过 GFRP 筋混凝土中长柱轴心受压试验，认识并了解 GFRP 筋混凝土中长柱试验过程中整体破坏形态；通过试验结果，分析长细比、配筋率等因素对 GFRP 筋混凝土中长柱轴心受压力学性能的影响，深入研究 GFRP 筋混凝土中长柱轴心受压力学性能。

6.2 试验概况

6.2.1 GFRP筋材料试验

本试验采用直径为 8mm 的 GFRP 筋（GFRP 筋中玻璃纤维占 70%，树脂基体占 30%）作为纵筋，表面带肋，肋间距为 10mm，由淮南金德实业公司提供，见图 6.1。

试验采用直径为 6mm 的 HPB300 钢筋作为箍筋。试验采用 C30 商品混凝土，商品混凝土配合比见表 6.1。

其中，粉煤灰的作用是节省混凝土中水泥用量和细骨料用量，也减少用水量，改善了混凝土拌合物的和易性；使混凝土内部的温度应力降低、混凝土开

图 6.1 GFRP 带肋筋
Fig. 6.1 GFRP ribbed bars

裂程度降低；使混凝土密实度增加，抗渗能力提高。矿渣粉的作用是增加混凝土抗压、抗拉、抗弯、抗剪强度；降低混凝土内部的温度应力，改善混凝土的流动性，提高混凝土粘结力，对混凝土起到一定保水作用，减少离析和泌水，抑制由于温差而产生的裂缝；能够抑制碱骨料反应，显著地提高了混凝土抗碱骨料反应的能力；提高混凝土的抗渗性、抗冻融性和耐久性。减水剂的作用是对水泥颗粒进行有效分散，提高混凝土拌合物的流动性，并且具有良好的润滑作用，减少水泥用量。

混凝土配合比　　　　　　　表 6.1

Mix proportion of concrete　　　Table 6.1

类别	材料用量						
	水泥/kg	砂/kg	碎石/kg	水/kg	粉煤灰/kg	矿渣粉/kg	减水剂/kg
C30	332	765	1010	170	42	51	9.78

试验采用的应变片有两种，一种型号为 B×120-3AA，粘贴在 GFRP 筋和箍筋上，电阻值为 120±0.1%Ω，灵敏系数为 2.05±0.3%，栅长×栅宽＝3mm×2mm；另一种型号为 SZ120-80AA，粘贴在混凝土上，电阻值为 120±0.1%Ω，灵敏度为 2.03±0.26%，栅长×栅宽＝5mm×80mm，由河北邢台金力传感元件厂提供。

粘贴应变片时，先将应变片粘贴位置用锉刀进行打磨光滑、平整，然后用少量酒精对粘贴部位进行擦洗干净，再用 502 胶水将应变片粘贴在筋体上，最后用 3M2166 防水绝缘胶泥做保护，试验采用的防水绝缘胶泥对应变片的保护效果很好，试验过程中 98% 的应变片完好。

材料参数（表 6.2）

实测 GFRP 筋的抗压性能　　　　表 6.2

Compressive test results of GFRP bars　　　Table 6.2

直径	长细比	受压破坏荷载/kN	抗压强度/MPa	受压弹性模量/GPa
8	2.5	36.1	726.53	62.47

6.2.2　GFRP 筋混凝土中长柱设计

试验设计 8 根 GFRP 筋混凝土中长柱，试件的分组、编号以及主要参数见表 6.3，试件 b×h＝150mm×150mm，A 组有 ZA1、ZA-2、ZA-3、ZA-4，长度为 1500mm；B 组有 ZB-1、ZB-2、ZB-3、ZB-4，试件长度为 2100mm。ZA1、ZA-2、ZA-3、ZA-4 的长细比为 10，ZB-1、ZB-2、ZB-3、ZB-4 的长细比为 14，均满足中长柱长细比 8～30 的要求。试件都是沿壁四周均匀对称配筋，ZA1、ZA-2、ZB-1、ZB-2 的纵筋配置为 4Φ8，ZA-3、ZA-4、ZB-3、ZB-4 纵筋配置为 8Φ8。ZA1、ZA-3、ZB-1、ZB-3 箍筋配置为Φ6@50，ZA2、ZA-4、ZB-2、ZB-4 箍筋配置为Φ6@75。为防止试验过程中试件端部破坏，对端部箍筋加密，并且设置柱头柱脚，柱头柱脚表面预埋钢板，板厚16mm，试件截面尺寸及配筋图见图 6.2。

GFRP 筋混凝土中长柱试件设计参数   表 6.3

Design parameters of GFRP reinforced concrete middle long column specimens

Table 6.3

试件分组	编号	b×h/mm	L_0/m	长细比	混凝土强度等级	纵筋配筋率	纵筋/mm	箍筋/mm
A组	ZA-1	150×150	1500	10	C30	0.893%	4Φ8	Φ6@50
	ZA-2	150×150	1500	10	C30	0.893%	4Φ8	Φ6@75
	ZA-3	150×150	1500	10	C30	1.786%	8Φ8	Φ6@50
	ZA-4	150×150	1500	10	C30	1.786%	8Φ8	Φ6@75
B组	ZB-1	150×150	2100	14	C30	0.893%	4Φ8	Φ6@50
	ZB-2	150×150	2100	14	C30	0.893%	4Φ8	Φ6@75
	ZB-3	150×150	2100	14	C30	1.786%	8Φ8	Φ6@50
	ZB-4	150×150	2100	14	C30	1.786%	8Φ8	Φ6@75

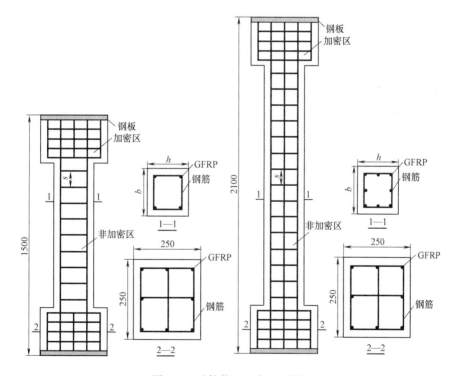

图 6.2 试件截面尺寸及配筋图

Fig. 6.2 Dimension and reinforcement layout of specimens

将 GFRP 筋和钢筋按照设计尺寸切割，GFRP 纵筋等间隔均匀分布在箍筋内侧四周，用铁丝绑扎线对 GFRP 纵筋和箍筋进行绑扎，柱头柱脚位置箍筋间距进行加密，并且采用十字式焊接，见图 6.3。

同时按照试验设计方案将应变片粘贴在 GFRP 纵筋和钢筋箍筋上，应变片粘贴在筋笼总长的 1/4、1/2 位置处，并用 3M2166 防水绝缘胶泥做保护，固定

73

好导线，并编号，1/2 位置处的 GFRP 纵筋上应变片分别标号为 f1、f2、f3、f4，
箍筋对称两侧上应变片标号为 G1、G2；1/4 位置处的 GFRP 纵筋应变片分别标
号为 f5、f6、f7、f8，箍筋对称两侧上应变片标号为 G3、G4，试件筋笼骨架见
图 6.4。再将钢板放置于柱头柱脚位置，最后将筋笼放置模板中，等待混凝土浇
筑，见图 6.5。

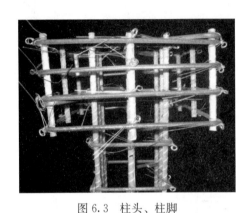

图 6.3　柱头、柱脚

Fig. 6.3　Column cap and column base

图 6.4　箍筋和 GFRP 筋的绑扎

Fig. 6.4　Stirrup and GFRP bar assembling

图 6.5　浇筑前试件

Fig. 6.5　Specimen before casting concrete

　　试验采用商品混凝土浇筑，浇筑过程中用小型振捣棒进行振捣，随浇随振，
同时制作三块 150mm×150mm×150mm 立方体伴随试块，浇筑完毕后，用工具
将预留的上表面磨平，试件与伴随试块同等条件下养护 28d。为防止养护期间试
件因水分蒸发过快，造成提前开裂，影响试件试验结果，因此在混凝土浇筑完
毕，上表面磨平之后，及时覆盖塑料薄膜，每天定时浇水，一周后，混凝土达到
拆模强度后，拆去模板，每天定时浇水，养护 28d 后，见图 6.6。

　　去掉覆盖试件上的塑料薄膜，将试件上表面打磨光滑、平整，然后刷乳胶
漆，乳胶漆风干后，用墨斗在试件上均匀弹出网格线，便于详细观察试验过程中
试件裂缝的开展及分布，裂缝开裂长度等，见图 6.7。

　　试验的主要测量内容包括 GFRP 筋的纵向应变、箍筋应变、混凝土纵向应

图 6.6　GFRP 筋混凝土柱

Fig. 6.6　GFRP bar reinforced concrete

图 6.7　混凝土柱试件表面

Fig. 6.7　The surface of concrete column specimen

变与横向应变、试件的极限荷载、试件的侧向挠度等。

（1）GFRP 筋的纵向应变测量：试验采用 2mm×3mm 的应变片测量柱内部的 GFRP 筋的纵向应变，在边角的四根 GFRP 筋的 1/4、1/2 位置处布设应变片，1/2 位置处的 GFRP 纵筋上应变片分别标号为 f1、f2、f3、f4，1/4 位置处的 GFRP 纵筋的应变片分别标号为 f5、f6、f7、f8。先在粘贴位置进行简单打磨，然后用 502 胶水将应变片粘贴在 GFRP 筋上，用 3M 胶带缠绕进行简单加固，再用

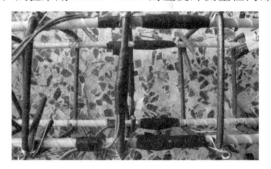

图 6.8　应变片粘贴

Fig. 6.8　Strain gauge configuration

3M2166 防水绝缘胶泥进行缠绕后，最后用 3M 胶带缠绕一圈即可，见图 6.8。

（2）箍筋应变测量：在 GFRP 筋粘贴应变片位置处对应的箍筋粘贴应变片，在箍筋对称两侧粘贴 2mm×3mm 的应变片，1/2 位置的箍筋对称两侧上应变片标号为 G1、G2；1/4 位置处的箍筋对称两侧上应变片标号为 G3、G4。和 GFRP 筋上粘贴应变片相似，不同的是必须在箍筋上粘贴 3M 胶带，做绝缘处理，见图 6.8。

（3）混凝土纵向应变与横向应变测量：采用标距为 80mm 的应变片测量混凝土的纵向应变和横向应变，应变片布置于柱子相邻两侧面的 1/4、1/2 位置处，

应变片标记为 C1、C2、C3、C4、C5、C6、C7、C8，见图 6.9。

（4）竖向位移测量：在压力机下承压板的前后两侧各布置量程 100mm 的位移计测量竖向位移，见图 6.9。

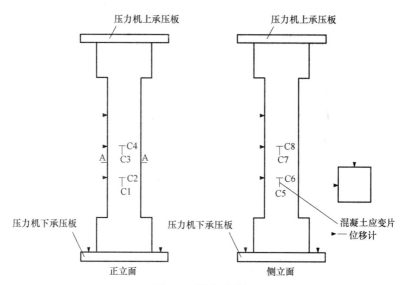

图 6.9　测点示意图

Fig. 6.9　The measurement points distribution

图 6.10　位移计布置

Fig. 6.10　Displacement meter configuration

（5）侧向位移测量：在柱子两侧面的 1/4、1/2、3/4 位置分别布置量程 100mm、200mm、100mm 的位移计，布设情况见图 6.9。

GFRP 筋混凝土轴压柱的纵筋应变、箍筋应变、混凝土纵向应变和横向应变、竖向位移、侧向位移均使用 IMC 数据采集系统对试验数据进行采集。

因为 GFRP 筋与钢筋有很大区别，钢筋可以在柱的两端设置成弯钩，增加锚固长度，端部可以抵抗较大的压力，而 GFRP 筋不能做成弯钩，GFRP 筋顶端直接承受压力，极易造成试件端部首先破坏，因此本试验考虑设置柱头、柱脚，加强端部承受压力的能力，首先将柱头柱脚的尺寸设计成 250mm×250mm×150mm，然后用箍筋进行加密，最后，在柱头、柱脚表面预埋尺寸

250mm×250mm×16mm 的钢板，非常有效地防止了试件的局部破坏，避免对试验结果的影响。

在柱头柱脚用钻机打孔，然后将膨胀螺栓杆安装孔内，再将位移计表架安装在螺栓杆上，用螺栓拧紧，最后将位移计架设在架子的相应位置，测量侧向挠度，见图 6.10。

6.2.3 试验加载方案

（1）试块加载

将试块置于结构实验室压力试验机上进行加载，见图 6.11。

3 个试块的破坏荷载分别为 739kN、815kN、818kN，试块强度分别为 32.8MPa、36.2MPa、36.3MPa。混凝土试件的立方体抗压强度试验应根据现行国家标准《普通混凝土力学性能试验方法标准》GB/T 50081 的 4.3.1 条规定执行。即当一组试件中强度的最大值或最小值与中间值之差超过中间值的 15% 时，取中间作为该组试件的强度代表值；当一组试件中强度的最大值和最小值与中间值之差均

图 6.11　混凝土试块加载图
Fig. 6.11　The loading of concrete cube specimen

超过中间值的 15% 时，该组试件的强度不应作为评定的依据。其余情况取 3 个试件强度的算术平均值作为每组试件的强度代表值；本试验中 36.2×0.15＝5.43MPa，36.2 − 32.8 = 3.4MPa < 5.43MPa，36.3 − 36.2＝ 0.1MPa < 5.43MPa。代表值取为 (32.8＋36.3＋36.2)/3＝35.1MPa。试验测得的试块强度见表 6.4。

| | 实测混凝土立方体试块强度 | | 表 6.4 |
| | Mechanical parameters of concrete cube specimens | | Table 6.4 |
标号	试块破坏荷载/kN	试块混凝土强度/MPa	平均值/MPa
试块一	739	32.8	
试块二	815	36.2	35.1
试块三	818	36.3	

试验在结构实验室试验机上进行，试件通过吊车吊运，加载前，要对试件进行对中准备。首先在柱脚中心位置作竖线标记，让试件放置在压力机承压板中间位置，然后用对中仪器进行调试，不平整时用细砂找平，最后加载前对试件进行 50kN 的预加载。通过 GFRP 筋以及钢筋上应变片采集数据的来判别试件是否对

图 6.12　试验装置图

Fig. 6.12　Loading setup

中，经进一步调整试件位置，最终保证试件轴心受压，试件加载装置见图 6.12。

(2) 加载方案

根据《混凝土结构试验方法标准》GB/T 50152—2012 中加载程序：

（a）在达到使用状态试验荷载值以前，每级加载值不宜大于 0.2 倍的使用状态试验荷载值，超过使用状态试验荷载值以后，每级加载值不宜大于 0.1 倍的使用状态试验荷载值。

（b）接近开裂荷载计算值时，每级加载值不宜大于 0.05 倍的开裂荷载计算值；试件开裂后每级加载值可取 0.1 倍的开裂荷载计算值。

（c）加载到承载能力极限状态的试验阶段时，每级加载值不应大于承载力状态荷载设计值的 0.05 倍。

（d）每级荷载加载完成后的持续荷载不应少于 5～10min，且每级加载时间宜相等。

（e）在使用状态试验荷载值作用下，持续时间不应少于 15min；在开裂荷载计算值作用下，持续时间不宜小于 15min，如荷载达到开裂荷载值前已经出现裂缝，则在开裂荷载计算之下的持续时间不应少于 5～10min。

本试验参照《混凝土结构试验方法标准》进行分级加载，在试件弹性阶段，每级加载值按照计算极限荷载值的 1/10 进行加载，并持荷 5min；当进入弹塑性阶段时，每级加载值按照计算荷载值的 1/20 进行加载，持续 5min；接近极限荷载时，进行缓慢连续加载；当施加的荷载无法继续增加时，停止加载，进行慢速卸载。

6.3　GFRP 筋混凝土中长柱轴心受压试验结果与分析

6.3.1　破坏形态

（1）试件 ZA-1 试验现象：加载初期，在轴向压力作用下，试件的侧向挠度和横向变形无明显变化，随着荷载继续增加，轴向压力达到 550.3kN 时，在试件的 1/4～1/2 之间位置开始出现宽度为 0.21mm 细微竖向裂缝，并且竖向裂缝随着荷载的继续增加慢慢延伸增长，试件的1/4～1/2之间位置处开始出现混凝土保护层开裂现象，试件横向裂缝出现，同时竖向裂缝和横向裂缝逐渐延伸在一起，当达到极限荷载时，在1/4～1/2之间形成宽度为2.10mm裂缝，混凝土被压碎，出现部分混凝土脱落现象，试件破坏，试件现象见图6.13。

（2）试件ZA-2试验现象：加载初期，在轴向压力作用下，试件无明显的侧向挠度和横向变形，随着轴向荷载的继续增加，轴向力达到532.6kN时，在试件1/4～1/2之间位置处，以及柱脚与柱身连接处出现宽度为0.18mm细微竖向裂缝，竖向裂缝随着荷载的继续增加缓慢延伸，混凝土保

图6.13　ZA-1试件破坏图
Fig. 6.13　Failure mode of specimen ZA-1

护层开裂，出现横向裂缝，裂缝随着荷载的增加缓慢增大，当达到极限荷载时，横竖向裂缝延伸在一起，形成明显的大裂缝，裂缝宽度为2.23mm，混凝土被压碎，部分混凝土脱落，试件破坏，见图6.14。

图6.14　ZA-2试件破坏图
Fig. 6.14　Failure mode of specimen ZA-2

（3）试件ZA-3试验现象：加载初期，在轴向压力作用下，试件无明显的侧向变形，横向变形与竖向变形也不明显，随着荷载的增加，轴向压力达到560kN时，在试件的1/4～1/2位置处出现明显的细微竖向裂缝，裂缝宽度为

0.15mm，混凝土保护层开裂，出现横向裂缝，以及在柱头与柱身连接处出现裂缝，裂缝随着荷载增加慢慢延伸，当到达极限荷载时，随着裂缝快速增大，裂缝延伸在一起，形成宽度为2.32mm的裂缝，同时混凝土被压碎，出现混凝土脱落现象，试件破坏，见图6.15。

（4）试件ZA-4试验现象：加载初期，在轴向压力作用下，试件的侧向挠度与横向变形无明显变化。随着荷载的继续增加，轴向压力达到556kN时，在试件1/4～1/2之间位置出现竖向细微裂缝，裂缝宽为0.12mm，随着荷载增加慢慢延伸，在1/4～1/2之间位置混凝土保护层开裂，出现横向裂缝，纵向裂缝与横向裂缝慢慢延伸，逐渐延伸在一起，当达到极限荷载时，1/4～1/2之间位置处裂纹开裂加快，出现大的纵向裂缝与横向裂缝，裂缝宽为1.98mm，大面积混凝土被压碎脱落，试件破坏，见图6.16。

图 6.15　ZA-3 试件破坏图　　　　　　图 6.16　ZA-4 试件破坏图

Fig. 6.15　Failure mode of specimen ZA-3　　Fig. 6.16　Failure mode of specimen ZA-4

（5）试件ZB-1试验现象：加载前期，在轴向压力作用下，试件的侧向挠度和横向变形没有明显变化，试件继续加载，当轴向压力达到523kN时，试件的1/4～1/2之间位置处出现竖向裂缝，裂缝宽为0.13mm，裂缝随荷载增加慢慢延伸，同时1/4～1/2之间位置处混凝土保护层开裂，出现横向裂缝，宽度为0.12mm，当轴向力达到极限时，1/4～1/2之间位置纵向裂缝与横向裂缝开裂加快，快速延伸在一起，形成宽度为2.01mm的裂缝，柱头下端有裂纹，混凝土被压碎，部分混凝土脱落，试件破坏，见图6.17。

（6）试件ZB-2试验现象：加载前期，在轴向压力作用下，试件的侧向挠度与横向应变很小，无明显变化，继续加载，当轴向压力达到516kN时，在试件1/4～

1/2 位置之间出现竖向裂缝,裂缝宽为 0.16mm,竖向裂缝随着荷载增加慢慢延伸,同时试件 1/4~1/2 位置之间混凝土保护层开裂,横向裂缝慢慢开裂延伸,当轴向力达到极限荷载时,纵向裂缝与横向裂缝开展加快,很快延伸在一起,形成宽度为 2.3mm 的裂缝,部分混凝土被压碎,出现脱落现象,试件破坏,见图 6.18。

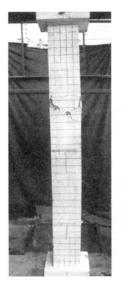

图 6.17 ZB-1 试件破坏图

Fig. 6.17 Failure mode of specimen ZB-1

图 6.18 ZB-2 试件破坏图

Fig. 6.18 Failure mode of specimen ZB-2

（7）试件 ZB-3 试验现象：加载前期,在轴向力的作用下,试件侧向挠度和横向变形很小,无明显现象,试件处于弹性阶段,随着荷载的继续增加,轴向力达到 530.8kN 时,在试件 1/4 边角位置处首先出现微小竖向裂缝,裂缝宽度为 0.12mm,1/4~1/2 之间位置竖向裂缝随着轴力的增加慢慢延伸,同时,在 1/4~1/2 位置处混凝土保护层开裂,横向裂缝慢慢延伸,当荷载达到极限荷载时,竖向裂缝与横向裂缝进一步开裂,形成宽度为 2.05mm 的裂缝,混凝土保护层开裂更加明显,1/4~1/2 之间位置,以及柱脚与柱身连接处部分混凝土被压碎剥落,试件破坏,见图 6.19。

（8）试件 ZB-4 试验现象：加载初

图 6.19 ZB-3 试件破坏图

Fig. 6.19 Failure mode of specimen ZB-3

期，试件在轴向压力作用下处于弹性阶段，侧向挠度与横向变形无明显变化，随着荷载继续增加，当轴向压力达到 525.7kN 时，在试件的 1/2 位置附近，以及柱脚与柱身之间连接处出现微小竖向裂缝，裂缝宽度为 0.1mm，同时，试件 1/2 位置处附近混凝土保护层出现开裂现象，横向裂缝慢慢延伸，随着荷载增加，纵向裂缝与横向裂缝慢慢延伸，当轴向力达到极限荷载时，试件快速开裂，纵向裂缝与横向裂缝形成宽度为 2mm 的裂缝，并延伸在一起，混凝土保护层开裂明显，部分混凝土脱落，试件破坏，见图 6.20。

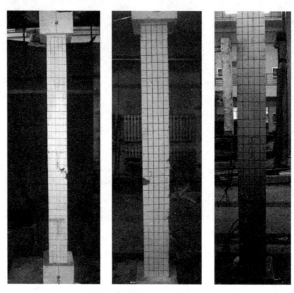

图 6.20　ZB-4 试件破坏图

Fig 6.20　Failure mode of specimen ZB-4

综上所述，加载初期，侧向挠度与横向变形无明显变化，随着荷载继续增加，当轴向压力达到极限荷载的 70%～75% 时，在试件的 1/4～1/2 位置，以及柱头柱脚与柱身连接处出现微小竖向裂缝，随着荷载慢慢增加，混凝土出现混凝土保护层开裂现象，横向裂缝慢慢延伸，当轴向力达到极限荷载时，试件快速开裂，纵向裂缝与横向裂缝形成大的裂缝，并延伸在一起，混凝土保护层开裂明显，并且部分混凝土大面积脱落，试件破坏。

6.3.2　极限承载力

列举部分试件的荷载与轴向位移曲线如图 6.21 所示，各试件的极限承载力见表 6.5。

表 6.5 给出了竖向位移、混凝土最大应变、GFRP 筋最大应变、GFRP 筋断裂等情况，从表 6.5 看出，混凝土破坏时，GFRP 筋没有断裂，并能继续抵抗承载力，延缓试件的破坏时间。

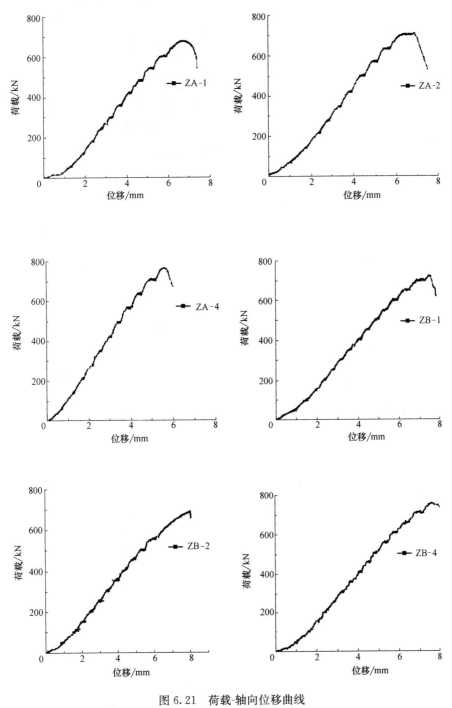

图 6.21　荷载-轴向位移曲线

Fig. 6.21　Load-axial displacement curve

部分柱的试验结果 表 6.5

Test results of columns Table 6.5

试件编号	开裂荷载 /kN	极限荷载 /kN	竖向位移 /mm	混凝土最大 应变/10^{-6}	GFRP 筋最大 应变/10^{-6}	极限荷载 /kN	备注
ZA1	550.3	741.4	7.4	2298	2712	741.4	GFRP 筋断裂
ZA2	523.6	710.5	7.5	3708	2613	710.5	GFRP 筋断裂
ZA3	560.0	791.0	8.32	2544	2913	791	GFRP 筋未断裂
ZA4	556.0	771.4	6.99	2285	4315	771.4	GFRP 筋未断裂
ZB1	523.0	723.4	7.84	2861	2237	723.4	GFRP 筋未断裂
ZB2	516.0	692.9	8.06	2664	2255	692.9	GFRP 筋未断裂
ZB3	530.8	761.0	9.00	3945	4879	761.0	GFRP 筋未断裂
ZB4	525.7	752.3	8.84	4521	3183	752.3	GFRP 筋未断裂

各参数变化对承载力的影响

长细比、纵筋配筋率等参数对 GFRP 筋混凝土中长柱承载力的影响主要表现为：由图 6.22 可知，长细比为 14 的试件与长细比为 10 的试件相比，极限承载力均有不同程度的降低。试件 ZB-1、ZB-2、ZB-3、ZB-4 与相对应的试件 ZA-1、ZA-2、ZA-3、ZA-4 相比，分别降低了 2.43%、2.48%、3.79%、2.48%。这主要原因是加载后期中长柱的侧向挠度已不能忽略，随着轴向力的增加，试件受到附加弯矩不断增大，长细比越大，引起的侧向挠度与附加弯矩越大，试件的极限荷载越低。

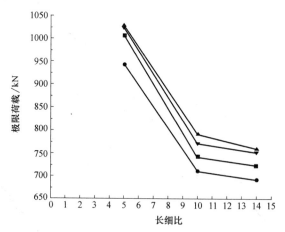

图 6.22　极限承载力-长细比相关关系

Fig. 6.22　Ultimate loading capacity and slenderness ratio

由图 6.23 可知，配筋率为 1.786% 的试件与配筋率 0.893% 的试件相比，极限承载力均有不同程度的提高。试件 ZA-3、ZA-4、ZB-3、ZB-4 与相对应的试件 ZA-1、ZA-2、ZB-1、ZB-2 相比，分别提高了 6.7%、8.57%、6.6%、8.6%。这主要原因是加载前期，试件承载力主要由混凝土与 GFRP 筋共同承担，随着轴力不断增加，部分混凝土开裂，开裂混凝土承担的轴向压力由 GFRP 纵筋来承担，配筋率越大，承担的荷载越大，最终极限荷载越大。

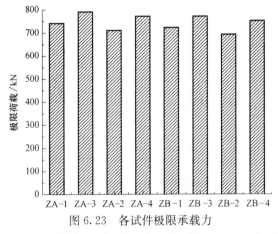

图 6.23　各试件极限承载力

Fig. 6.23　Ultimate loading capacity for every specimen

6.3.3　荷载-侧向挠度曲线

从图 6.24、图 6.25、图 6.26（试件 ZA-1、ZA-2、ZA-3 的荷载-侧向挠度曲线）可以看出，加载初期，在轴向压力下，A 组试件侧向挠度在 0～0.2mm 之间，侧向挠度随荷载变化很小，可以忽略不计，说明加载初期试件轴心受压；随着荷载的继续增加，荷载-侧向挠度曲线的斜率下降，试件的荷载-侧向挠度曲线呈非线性变化，此时的侧向挠度相对加载初期增速加快，试件侧向挠度在 0.2～1mm 范围之间，侧向挠度不能忽略，产生的附加弯矩对 A 组试件有所影响，当承载力达到极限荷载时，试件的荷载-侧向挠度曲线斜率几乎为零，此时混凝土与 GFRP 纵筋共同承担压力、附加弯矩。荷载达到极限，试件的侧向挠度仍然继续增加，增速有所加快。加载后期，侧向挠度继续增加，试件的承载力却下降，说明加载后期，试件在轴向压力与附加弯矩共同作用下，混凝土被压碎，试件承载力降低，在附加弯矩的作用下，侧向挠度继续增加。

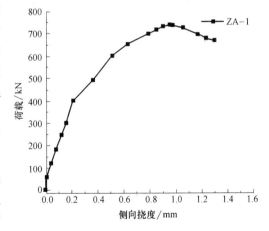

图 6.24　ZA-1 荷载-挠度曲线

Fig. 6.24　Load-deflection curve for specimen ZA-1

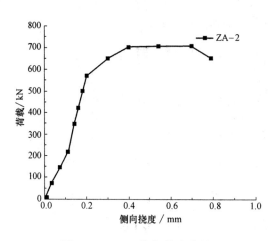

图 6.25　ZA-2 荷载-挠度曲线

Fig. 6.25　Load-deflection curve for specimen ZA-2

从图 6.27、图 6.28、图 6.29（试件 ZB-1、ZB-3、ZB-4 的荷载-侧向挠度曲线）可以看出，加载初期，在轴向压力下，B 组试件的侧向挠度随荷载变化也很小，可以忽略不计，说明加载初期试件轴心受压。随着荷载的继续增加，B 组试件的侧向挠度增加，侧向挠度变化比 A 组要快，这说明长细比越大，由于各种偶然因素造成的初始偏心距越大，产生的侧向挠度越大。同时荷载-侧向曲线斜率减小，试件的荷载-侧向挠度曲

线呈非线性变化，轴向力达到极限荷载时，试件的荷载-侧向挠度曲线斜率几乎为零，此时混凝土与 GFRP 纵筋共同承担压力以及附加弯矩，荷载达到极限。相同条件下，B 组试件与 A 组试件相比，承载力有所降低，说明长细比越大，引起的侧向挠度和附加弯矩越大，承受的极限荷载降低。加载后期，侧向挠度继续增加，试件的承载力却下降，说明加载后期，试件在轴向压力与附加弯矩共同作用下，混凝土被压碎，试件承载力降低，在附加弯矩的作用下，侧向挠度继续增加。

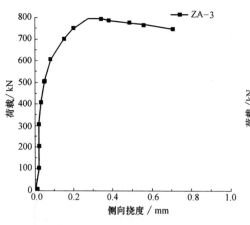

图 6.26　ZA-3 荷载-挠度曲线

Fig. 6.26　Load-deflection
curve for specimen ZA-3

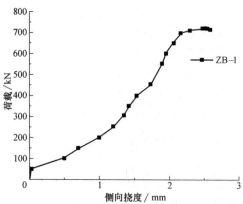

图 6.27　ZB-1 荷载-挠度曲线

Fig. 6.27　Load-deflection
curve for specimen ZB-1

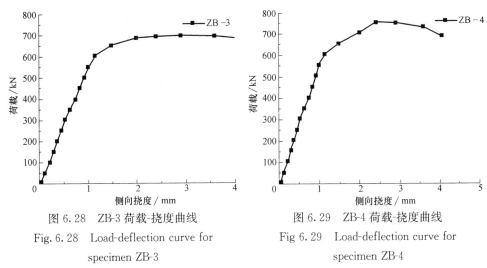

图 6.28　ZB-3 荷载-挠度曲线

Fig. 6.28　Load-deflection curve for
specimen ZB-3

图 6.29　ZB-4 荷载-挠度曲线

Fig 6.29　Load-deflection curve for
specimen ZB-4

综上所述，从图 6.24-图 6.29 可以看出，加载初期，在轴向压力下，无论是 A 组试件，还是 B 组试件，前期侧向挠度随荷载变化很小，说明加载初期，试件都处于轴心受压状态，随着荷载的继续增加，荷载-侧向挠度曲线的斜率下降，试件的荷载-侧向挠度曲线呈非线性变化，此时侧向挠度相比加载初期增速加快，侧向挠度不能忽略，产生的附加弯矩对试件有所影响，长细比越大，造成侧向挠度和附加弯矩越大。当试件的荷载-侧向挠度曲线斜率几乎为零时，说明此时试件在轴向力和附加弯矩的共同作用下，试件承载力达到极限，同时长细比越大的试件，造成的附加弯矩越大，极限荷载也有所降低。加载后期，侧向挠度继续增加，试件的承载力却下降，说明加载后期，试件在轴向压力与附加弯矩共同作用下，混凝土被压碎，试件保护层破坏，试件承载力降低，在附加弯矩的作用下，侧向挠度继续增加。

6.3.4　GFRP 筋的荷载-应变关系

根据 8 根 GFRP 筋混凝土中长柱加载过程采集的 GFRP 筋应变和对应的荷载，绘制成 GFRP 筋的荷载-应变曲线（其中应变规定受压为负，受拉为正），详细分析不同试件的 GFRP 筋在加载过程中的受力情况。

图 6.30～图 6.31 是试件 ZA-1 的 1/2、1/4 位置处 GFRP 筋的荷载-应变曲线，可以看出，加载前期，在轴向力作用下，GFRP 筋的应变随荷载的增加而增加，当荷载达到极限荷载的 0～40% 左右时，纵向应变在 0～1000×10^{-6} 范围内，荷载-应变曲线呈线性关系；随着荷载继续增加，荷载-应变曲线斜率开始降低，GFRP 筋纵向应变进一步增加，说明由于裂缝出现，混凝土保护层对 GFRP 筋约束减弱，在轴向力作用下，GFRP 筋应变进一步增大，当轴向力达到极限荷载

时，曲线的斜率接近为零。

　　图 6.32、图 6.33 是试件 ZA-2 的 1/2、1/4 位置处 GFRP 筋的荷载-应变曲线（其中规定受压为负，受拉为正），可以看出，加载前期，在轴向力作用下，GFRP 筋的应变随荷载增加而增大，当荷载达到极限荷载的 0～40% 左右时，纵向应变在 $0～1000×10^{-6}$ 范围内，荷载-应变曲线呈线性关系；随着荷载的继续增加，荷载-应变曲线斜率开始降低，当轴向力达到极限荷载时，曲线斜率接近于零，由于部分混凝土保护层开裂，开裂混凝土承载的荷载开始由 GFRP 筋承担，GFRP 筋应变快速增加。

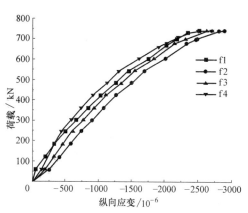

图 6.30　ZA-1 1/2 截面筋体荷载-应变曲线
Fig. 6.30　Load-strain curves of GFRP bars in half height of cross section for specimen ZA-1

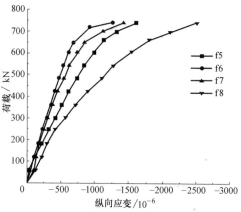

图 6.31　ZA-1 1/4 截面筋体荷载-应变曲线
Fig. 6.31　Load-strain curves of GFRP bars in quarter height of cross section for specimen ZA-1

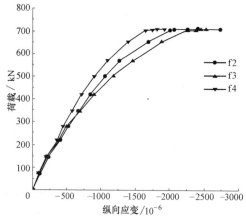

图 6.32　ZA-2 1/2 截面筋体荷载-应变曲线
Fig. 6.32　Load-strain curves of GFRP bars in half height of cross section for specimen ZA-2

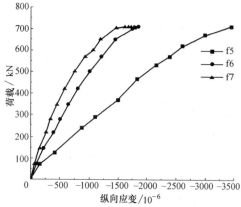

图 6.33　ZA-2 1/4 截面筋体荷载-应变曲线
Fig. 6.33　Load-strain curves of GFRP bars in quarter height of cross section for specimen ZA-2

图 6.34、图 6.35 是试件 ZA-3 的 1/2、1/4 位置处 GFRP 筋的荷载-应变曲线，可以看出，加载前期，在轴向力作用下，GFRP 筋的应变随荷载增加而增加，当荷载在极限荷载的 0～40% 时，纵向应变在 $0～1000×10^{-6}$ 范围内，荷载-应变曲线呈线性关系；随着荷载的继续增加，GFRP 筋应变在 $1000×10^{-6}～2000×10^{-6}$ 范围内，荷载-应变曲线斜率开始降低，GFRP 筋纵向应变进一步增加，GFRP 筋在 $2000×10^{-6}$ 左右时，轴向力达到极限荷载，曲线斜率接近于零，GFRP 筋纵向应变增加迅速，说明部分混凝土被压碎，压碎混凝土承担的荷载由 GFRP 筋来承担。

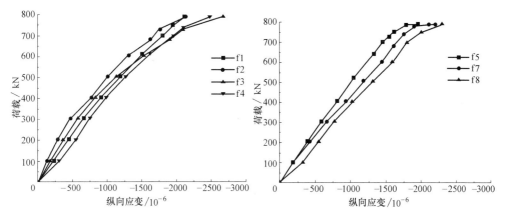

图 6.34 ZA-3 1/2 截面筋体荷载-应变曲线
Fig. 6.34 Load-strain curves of GFRP bars in half height of cross section for specimen ZA-3

图 6.35 ZA-3 1/4 截面筋体荷载-应变曲线
Fig. 6.35 Load-strain curves of GFRP bars in quarter height of cross section for specimen ZA-3

图 6.36、图 6.37 是试件 ZA-4 的 1/2、1/4 位置处 GFRP 筋的荷载-应变曲线，可以看出，加载前期，在轴向力作用下，GFRP 筋的应变随荷载增加而增加，当荷载在极限荷载的 0～40% 时，纵向应变在 $0～1000×10^{-6}$ 范围内，荷载-应变曲线呈线性关系；纵向应变在 $1000×10^{-6}～1500×10^{-6}$ 范围内，随着荷载的继续增加，荷载-应变曲线斜率开始降低，说明试件开始出现裂缝，混凝土保护层对试件内的 GFRP 纵筋与箍筋约束降低，GFRP 筋在轴向力作用下纵向应变进一步增加，当纵向应变在 $2000×10^{-6}$ 左右时，轴向力达到极限荷载时，曲线斜率接近为零，同时 1/4、1/2 位置处都相继出现裂缝，混凝土被压碎，其承受的荷载转由 GFRP 筋来承担。

图 6.38～图 6.45 分别是试件 ZB-1、ZB-2、ZB-3、ZB-4 的 1/2、1/4 位置处 GFRP 筋的荷载-应变曲线（其中应变规定受压为负，受拉为正），从图中可以看出，加载前期，在轴向力作用下，GFRP 筋的应变随荷载增加而增加，当荷载在

极限荷载的 0~40% 时，纵向应变在 0~1000×10^{-6} 范围内，荷载-应变曲线呈线性关系，与对应的 A 组试件相比没有太大区别；随着荷载的继续增加，荷载-应变曲线斜率开始降低；当轴向力达到极限荷载时，曲线斜率接近为零，同时可以看出，与相对应的 A 组试件相比，极限荷载有所降低。

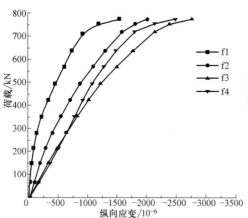

图 6.36　ZA-4 1/2 截面筋体荷载-应变曲线

Fig. 6.36　Load-strain curves of GFRP bars in half height of cross section for specimen ZA-4

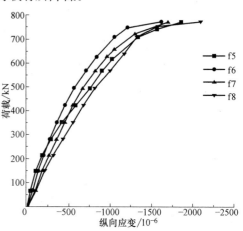

图 6.37　ZA-4 1/4 截面筋体荷载-应变曲线

Fig. 6.37　Load-strain curves of GFRP bars in quarter height of cross section for specimen ZA-4

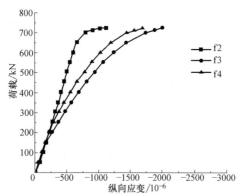

图 6.38　ZB-1 1/2 截面筋体荷载-应变曲线

Fig. 6.38　Load-strain curves of GFRP bars in half height of cross section for specimen ZB-1

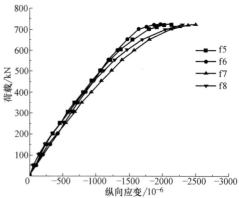

图 6.39　ZB-1 1/4 截面筋体荷载-应变曲线

Fig. 6.39　Load-strain curves of GFRP bars in quarter height of cross section for specimen ZB-1

　　综上所述，无论是长细比为 10 的 A 组试件，还是长细比为 14 的 B 组试件，加载前期，在轴向力作用下，GFRP 筋的应变随荷载增加而增加，当荷载在极限荷载的 0~40% 时，纵向应变在 0~1000×10^{-6} 范围内，荷载-应变曲线呈线性关系，也就是说，加载初期 GFRP 筋处于弹性阶段。相同条件下，B 组试件与对应的 A 组试件相比，没有太大区别，原因是试件均处于弹性阶段，两者变化情况相似；随着荷载的持续增加，荷载-应变曲线斜率开始降低，主要原因是混凝土出现微裂缝，使混凝土保护层对 GFRP 筋约束降低，造成 GFRP 筋应变的进一步增加；当轴向力达到极限荷载时，曲线斜率接近为零，由于部分压碎混凝土承担的荷载转由 GFRP 筋承担，造成 GFRP 筋应变快速增加。另外相同条件下，B 组试件与 A 组试件相比，极限荷载有所降低，原因是加载后期，侧向挠度产生的附加弯矩对试件有一定影响，而 B 组试件长细比较大，由偶然因素造成的初始偏心距产生的侧向挠度和相对应的附加弯矩较大，造成试件的承载力降低。

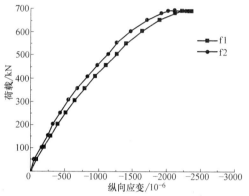

图 6.40　ZB-2 1/2 截面筋体荷载-应变曲线
Fig. 6.40　Load-strain curves of GFRP bars in half height of cross section for specimen ZB-2

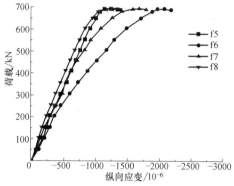

图 6.41　ZB-2 1/4 面筋体荷载-应变曲线
Fig. 6.41　Load-strain curves of GFRP bars in quarter height of cross section for specimen ZB-2

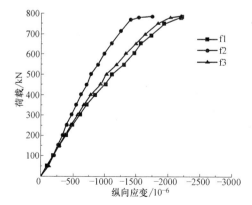

图 6.42　ZB-3 1/2 截面筋体荷载-应变曲线
Fig. 6.42　Load-strain curves of GFRP bars in half height of cross section for specimen ZB-3

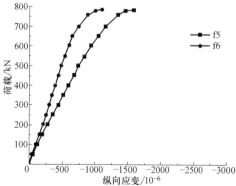

图 6.43　ZB-3 1/4 截面筋体荷载-应变曲线
Fig. 6.43　Load-strain curves of GFRP bars in quarter height of cross section for specimen ZB-3

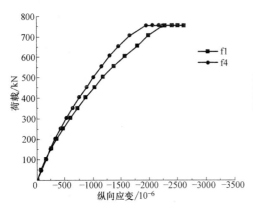

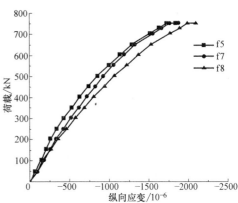

图 6.44　ZB-4 1/2 截面筋体荷载-应变曲线
Fig. 6.44　Load-strain curves of GFRP bars in half height of cross section for specimen ZB-4

图 6.45　ZB-4 1/4 截面筋体荷载-应变曲线
Fig. 6.45　Load-strain curves of GFRP bars in quarter height of cross section for specimen ZB-4

6.3.5　混凝土的荷载-应变关系

根据 8 根 GFRP 筋混凝土中长柱试件加载过程中采集的 1/4、1/2 位置处混凝土表面纵横向应变和对应荷载，绘制成混凝土的荷载-应变曲线（其中应变规定受压为负，受拉为正）。

从图 6.46～图 6.53（ZA-1、ZA-2、ZA-3、ZA-4 的混凝土荷载-应变曲线）可以看出，加载初期，A 组试件表面混凝土纵向应变随荷载增加而增大，混凝土荷载-纵向应变曲线呈线性变化，而横向应变在加载初期很小，几乎无明显改变，主要原因是加载初期，试件处于弹性阶段，侧向挠度很小，试件在轴向压力作用下，主要是沿纵向方向受力，因此纵向应变慢慢增加，而且与荷载呈线性关系，试件的横向变形几乎没有明显变化；随着荷载持续增加，试件混凝土荷载-应变曲线斜率开始减小，呈非线性变化，承载力达到极限荷载，纵向应变在 2000×10^{-6}～3000×10^{-6} 范围之间，试件混凝土的荷载-纵向应变曲线斜率接近于零，而横向应变只在 1000×10^{-6} 范围内变化，荷载-横向应变曲线斜率接近于零，混凝土在轴向力作用下进入弹塑性阶段，并开始屈服。同时试件出现竖向裂缝，试件混凝土保护层开裂，使纵向应变、横向应变进一步迅速增大。

从图 6.54～图 6.61（ZB-1、ZB-2、ZB-3、ZB-4 的混凝土荷载-应变曲线）可以看出，加载初期，B 组试件的混凝土纵向应变随荷载增加而增大，混凝土荷载-纵向应变曲线接近线性关系，而横向应变在加载初期很小，几乎无明显改变，主要原因是加载初期，B 组试件处于弹性阶段，侧向挠度很小，试件的横向变形几乎没有明显改变，在轴向压力作用下，试件主要沿纵向受力，混凝土纵向应变缓慢增加；随着荷载持续增加，B 组试件混凝土荷载-应变曲线斜率开始下降，

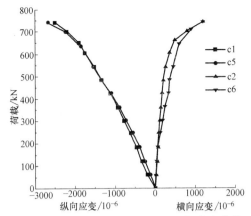

图 6.46 ZA-1 1/4 截面混凝土荷载-应变曲线

Fig. 6.46 Load-strain curves of concrete in quarter height of cross section for specimen ZA-1

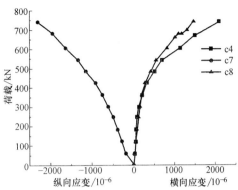

图 6.47 ZA-1 1/2 截面混凝土荷载-应变曲线

Fig. 6.47 Load-strain curves of concrete in half height of cross section for specimen ZA-1

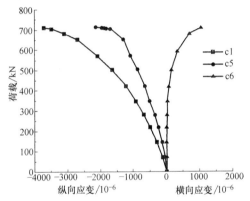

图 6.48 ZA-2 1/4 截面混凝土荷载-应变曲线

Fig. 6.48 Load-strain curves of concrete in quarter height of cross section for specimen ZA-2

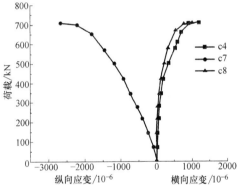

图 6.49 ZA-2 1/2 截面混凝土荷载-应变曲线

Fig. 6.49 Load-strain curves of concrete in half height of cross section for specimen ZA-2

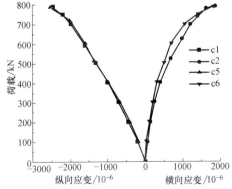

图 6.50 ZA-3 1/4 截面混凝土荷载-应变曲线

Fig. 6.50 Load-strain curves of concrete in quarter height of cross section for specimen ZA-3

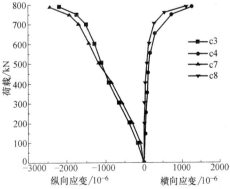

图 6.51 ZA-3 1/2 截面混凝土荷载-应变曲线

Fig. 6.51 Load-strain curves of concrete in half height of cross section for specimen ZA-3

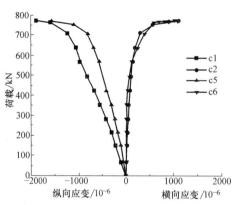

图 6.52　ZA-4 1/4 截面混凝土荷载-应变曲线

Fig. 6.52　Load-strain curves of concrete in quarter height of cross section for specimen ZA-4

图 6.53　ZA-4 1/2 截面混凝土荷载-应变曲线

Fig. 6.53　Load-strain curves of concrete in half height of cross section for specimen ZA-4

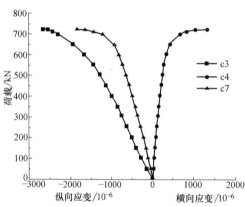

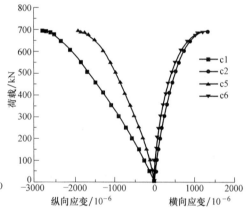

图 6.54　ZB-1 1/4 截面混凝土荷载-应变曲线

Fig. 6.54　Load-strain curves of concrete in quarter height of cross section for specimen ZB-1

图 6.55　ZB-1 1/2 截面混凝土荷载-应变曲线

Fig. 6.55　Load-strain curves of concrete in half height of cross section for specimen ZB-1

荷载与应变呈非线性变化，相同条件下，B 组试件混凝土极限承载力与 A 组试件相比，极限承载力有所降低，主要原因是 B 组试件的长细比较大，引起侧向挠度大，造成附加弯矩，承受的极限荷载降低。加载后期，试件 1/4～1/2 位置之间处出现竖向裂缝，试件混凝土保护层开裂，混凝土遭到破坏，对 GFRP 筋约束作用降低，试件整体的承载力下降，纵向应变、横向应变进一步快速增加。

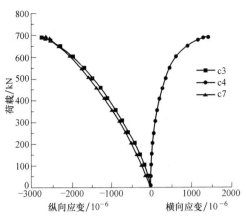

图 6.56 ZB-2 1/4 截面混凝土荷载-应变曲线

Fig. 6.56 Load-strain curves of concrete in quarter height of cross section for specimen ZB-2

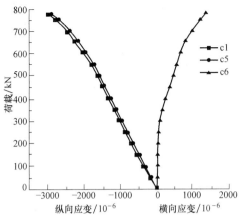

图 6.57 ZB-2 1/2 截面混凝土荷载-应变曲线

Fig. 6.57 Load-strain curves of concrete in half height of cross section for specimen ZB-2

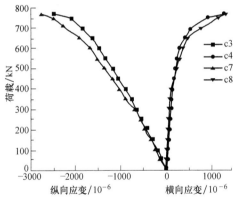

图 6.58 ZB-3 1/4 截面混凝土荷载-应变曲线

Fig. 6.58 Load-strain curves of concrete in quarter height of cross section for specimen ZB-3

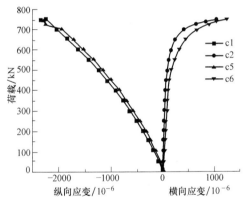

图 6.59 ZB-3 1/2 截面混凝土荷载-应变曲线

Fig. 6.59 Load-strain curves of concrete in half height of cross section for specimen ZB-3

综上所述，无论是 A 组试件还是 B 组试件，加载初期，混凝土纵向应变随荷载增加而增大，混凝土荷载-纵向应变曲线接近线性关系，而横向应变在加载初期很小，几乎无明显变化，主要原因是加载初期，试件均处于弹性阶段，在轴向力作用下，试件主要沿纵向方向受力，试件的混凝土纵向应变与荷载呈线性关系，试件的横向变形几乎没有改变；随着荷载的持续增加，混凝土荷载-纵向应变曲线斜率降低，混凝土荷载与纵向应变呈非线性变化，而混凝土横向应变也缓慢增大，主要原因是混凝土进入弹塑性阶段。同时侧向挠度对试件的影响不能忽略，长细比越大，偶然因素造成的初始偏心距就越大，造成侧向挠度和附加弯矩越大，使试件整体的承载力降低。

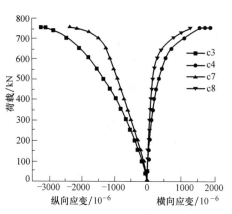

图 6.60 ZB-4 1/4 截面混凝
土荷载-应变曲线

Fig. 6.60 Load-strain curves of concrete in
quarter height of cross section for specimen ZB-4

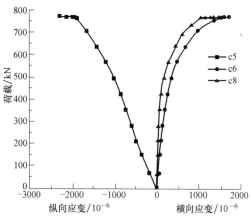

图 6.61 ZB-4 1/2 截面混凝
土荷载-应变曲线

Fig. 6.61 Load-strain curves of concrete in
half height of cross section for specimen ZB-4

6.3.6 GFRP 筋与混凝土的荷载-应变关系

为了更好地研究混凝土与 GFRP 筋在加载过程中协同工作情况，将采集的混凝土纵向应变以及对应位置处 GFRP 筋的纵向应变绘制成试件混凝土与 GFRP 筋的荷载-应变对比曲线（其中应变规定受压为负，受拉为正），见图 6.62～图 6.77。

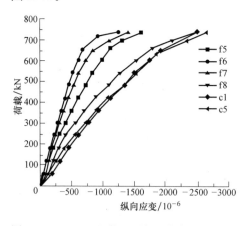

图 6.62 ZA-1 1/4 截面混凝土荷载-应变曲线
Fig. 6.62 Load-strain curves of concrete
in quarter height of cross section
for specimen ZA-1

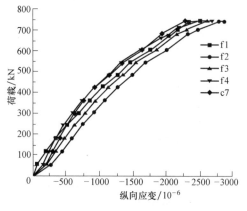

图 6.63 ZA-1 1/2 截面混凝土荷载-应变曲线
Fig. 6.63 Load-strain curves of concrete
in half height of cross section
for specimen ZA-1

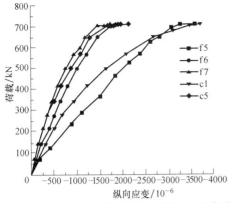

图 6.64 ZA-2 1/4 截面混凝土荷载-应变曲线
Fig. 6.64 Load-strain curves of concrete in quarter height of cross section for specimen ZA-2

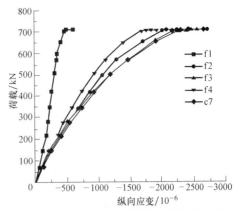

图 6.65 ZA-2 1/2 截面混凝土荷载-应变曲线
Fig. 6.65 Load-strain curves of concrete in half height of cross section for specimen ZA-2

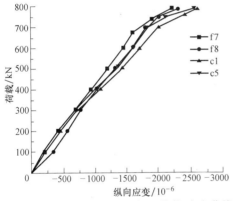

图 6.66 ZA-3 1/4 截面混凝土荷载-应变曲线
Fig. 6.66 Load-strain curves of concrete in quarter height of cross section for specimen ZA-3

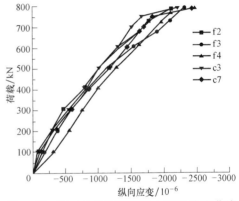

图 6.67 ZA-3 1/2 截面混凝土荷载-应变曲线
Fig. 6.67 Load-strain curves of concrete in half height of cross section for specimen ZA-3

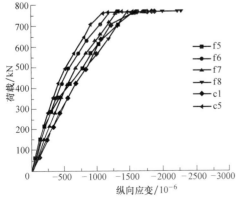

图 6.68 ZA-4 1/4 截面混凝土荷载-应变曲线
Fig. 6.68 Load-strain curves of concrete in quarter height of cross section for specimen ZA-4

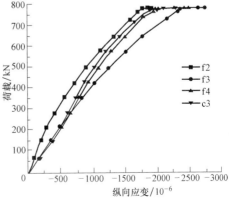

图 6.69 ZA-4 1/2 截面混凝土荷载-应变曲线
Fig. 6.69 Load-strain curves of concrete in half height of cross section for specimen ZA-4

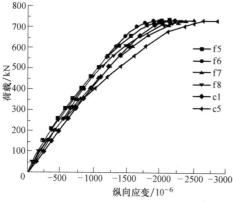

图 6.70　ZB-1 1/4 截面混凝土荷载-应变曲线
Fig. 6.70　Load-strain curves of concrete in quarter height of cross section for specimen ZB-1

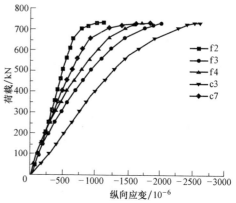

图 6.71　ZB-1 1/2 截面混凝土荷载-应变曲线
Fig. 6.71　Load-strain curves of concrete in half height of cross section for specimen ZB-1

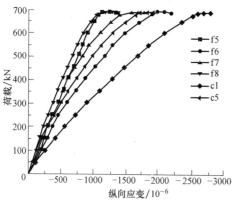

图 6.72　ZB-2 1/4 截面混凝土荷载-应变曲线
Fig. 6.72　Load-strain curves of concrete in quarter height of cross section for specimen ZB-2

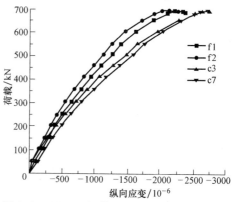

图 6.73　ZB-2 1/2 截面混凝土荷载-应变曲线
Fig. 6.73　Load-strain curves of concrete in half height of cross section for specimen ZB-2

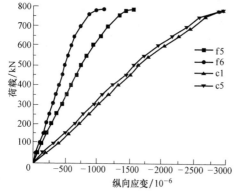

图 6.74　ZB-3 1/4 截面混凝土荷载-应变曲线
Fig. 6.74　Load-strain curves of concrete in quarter height of cross section for specimen ZB-3

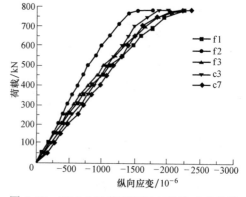

图 6.75　ZB-3 1/2 截面混凝土荷载-应变曲线
Fig. 6.75　Load-strain curves of concrete in half height of cross section for specimen ZB-3

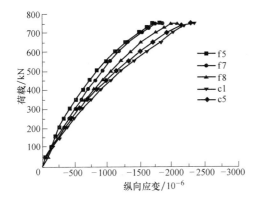

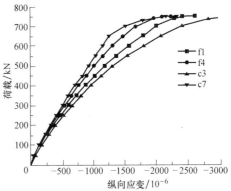

图 6.76 ZB-4 1/4 截面混凝土荷载-应变曲线
Fig. 6.76 Load-strain curves of concrete in quarter height of cross section for specimen ZB-4

图 6.77 ZB-4 1/2 截面混凝土荷载-应变曲线
Fig. 6.77 Load-strain curves of concrete in half height of cross section for specimen ZB-4

从图 6.62～图 6.77 可以看出，在加载前期，试件 1/4、1/2 位置处混凝土的荷载-应变曲线与对应位置 GFRP 筋的荷载-应变曲线斜率接近，曲线接近重合，说明在加载前期，GFRP 筋与混凝土能很好地协同工作，共同抵抗轴向力，并且纵向应变接近相同，说明两者之间没有发生相对滑移；随着轴向力不断增大，混凝土的荷载-应变曲线与对应的 GFRP 筋的荷载-应变曲线差异逐渐增加，说明混凝土出现裂缝，对试件中的 GFRP 筋约束减弱，部分混凝土承受的压力由 GFRP 筋来承担，导致 GFRP 筋应变快速增加；加载后期，GFRP 筋与混凝土的荷载-应变曲线斜率接近于零，说明承载力达到极限荷载值。

6.3.7 箍筋的荷载-应变关系

为了解 GFRP 筋混凝土试件在试验过程中的受压状态，在试件的 1/2 位置处的箍筋上各粘贴一组应变片，用来采集试验过程中箍筋的应变，本文选取了部分试件的采集数据，将其绘制成箍筋的荷载-应变曲线，见图 6.78～图 6.81。

从图 6.78～图 6.81 可知，在加载前期，GFRP 筋混凝土中长柱对称两侧箍筋应变变化接近相等，曲线几乎重合，说明这一阶段，在轴向压力作用下，GFRP 筋混凝土中长柱为轴心受压；随着荷载进一步增加，曲线中对称两侧的箍筋应变有所差异，说明试件在轴向压力作用下开始出现侧向挠度，侧向挠度引起的附加弯矩对试件开始产生影响，与 GFRP 筋混凝土短柱以及钢筋混凝土短柱轴心受压不同，侧向挠度对试件的影响不可忽略。

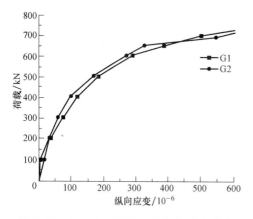

图 6.78　ZB-1 1/2 截面箍筋荷载-应变曲线

Fig. 6.78　Load-strain curves of stirrup in half height of cross section for specimen ZB-1

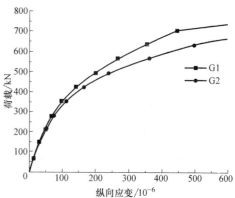

图 6.79　ZB-2 1/2 截面箍筋荷载-应变曲线

Fig. 6.79　Load-strain curves of stirrup in half height of cross section for specimen ZB-2

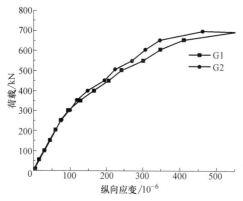

图 6.80　ZB-3 1/2 截面箍筋荷载-应变曲线

Fig. 6.80　Load-strain curves of stirrup in half height of cross section for specimen ZB-3

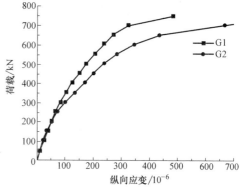

图 6.81　ZB-4 1/2 截面箍筋荷载-应变曲线

Fig. 6.81　Load-strain curves of stirrup in half height of cross section for specimen ZB-4

6.4　小结

本章开展了 GFRP 筋混凝土中长柱轴心受压试验研究,得到结论如下:

(1) GFRP 筋混凝土中长柱破坏形态表现为:承载力达到极限荷载的 70%～75% 时,试件 1/4～1/2 位置,以及柱头柱脚与柱身连接处,出现微小竖向裂缝,混凝土保护层开裂,横向裂缝扩展,当轴向力达到极限荷载时,纵向裂缝与横向裂缝慢慢延伸在一起,形成较大的裂缝,混凝土保护层明显开裂,部分混凝土大面积脱落。

（2）在其他条件相同的情况下，极限荷载随长细比增加而降低，随配筋率增加而增大。

（3）通过对试件的荷载-侧向挠度曲线的分析，加载初期，在轴向压力下，前期侧向挠度随荷载变化很小，说明加载初期，试件都处于轴心受压状态，随着荷载的继续增加，荷载-侧向曲线的斜率下降，试件的荷载-侧向挠度曲线呈非线性变化，此时侧向挠度相比加载初期增速加快，侧向挠度不能忽略，产生的附加弯矩对试件有所影响，长细比越大，造成侧向挠度和附加弯矩越大。当试件的荷载-侧向挠度曲线斜率几乎为零时，说明此时试件在轴向力和附加弯矩的共同作用下，试件承载力达到极限，同时长细比越大的试件，造成的附加弯矩越大，极限荷载有所降低。加载后期，侧向挠度继续增加，试件的承载力下降，说明加载后期，试件在轴向压力与附加弯矩共同作用下，混凝土被压碎，试件保护层破坏，试件承载力降低，在附加弯矩的作用下，侧向挠度继续增加。

（4）通过对 GFRP 筋的荷载-应变曲线分析，加载前期，在轴向力作用下，荷载-应变曲线呈线性关系，GFRP 筋处于弹性阶段；随着荷载的继续增加，荷载-应变曲线斜率开始降低，这主要原因是混凝土出现微裂缝，使混凝土保护层对 GFRP 筋约束降低，造成 GFRP 筋应变进一步增加；当轴向力达到极限荷载时，曲线斜率接近为零，由于部分压碎混凝土承担的荷载转由 GFRP 筋承担，造成 GFRP 筋应变快速增加。

（5）通过对混凝土荷载-应变曲线分析，加载初期，混凝土荷载-纵向应变曲线接近线性关系，而横向应变在加载初期很小，几乎无变化，主要原因是加载初期，试件处于弹性阶段，在轴向力作用下，试件主要沿纵向方向受力，试件的横向变形几乎没有改变；随着荷载的持续增加，混凝土荷载与纵向应变呈非线性变化，而混凝土横向应变也慢慢增大，主要原因是混凝土进入弹塑性阶段。同时长细比越大，由于偶然因素造成的初始偏心距越大，造成侧向挠度和附加弯矩越大，试件整体的承载力降低。

（6）通过对试件内部筋体与对应位置混凝土的荷载-应变关系曲线分析，加载前期，混凝土的荷载-应变曲线与对应位置 GFRP 筋的荷载-应变曲线斜率接近，曲线接近重合；随着轴向力不断增大，混凝土的荷载-应变曲线与对应的 GFRP 筋的荷载-应变曲线差异逐渐增大，因混凝土出现裂缝，对试件中 GFRP 筋约束减弱，部分被压碎的混凝土承担的荷载由 GFRP 筋承担，使 GFRP 筋应变快速增加；加载后期，GFRP 筋与混凝土的荷载-应变曲线斜率接近于零，承载力达到极限荷载值。

第7章 GFRP筋混凝土柱偏心受压试验

7.1 前言

由于GFRP筋的抗拉性能优于抗压性能,目前学者对GFRP筋混凝土结构的研究主要集中于GFRP筋的抗拉性能方面。我们制作了9根GFRP筋混凝土柱偏心受压试件,通过偏心受压静载试验,研究柱体中GFRP筋的抗拉、抗压性能,柱子的破坏特征、柱中截面应变分布和侧向挠度。

7.2 试验概况

7.2.1 GFRP筋材料试验

本试验中,纵筋采用淮南金德实业提供的GFRP筋,直径为10mm,以玻璃纤维为增强材料,以拉挤树脂和一些辅助剂作为粘结材料拉挤成型。其中玻璃纤维的体积含量为70%,树脂基体的体积含量为30%。为提高GFRP筋与混凝土间的粘结性能,选择表面带肋的GFRP筋,肋间距为10mm,见图7.1。

图7.1 GFRP带肋筋
Fig. 7.1 The ribbed GFRP bars

首先对试验所用的GFRP筋进行受压性能测试,将GFRP筋截成长细比2.5的小试件,在沈阳建筑大学力学实验室300kN液压试验机上进行手动加载。试件加载过程中,没有明显的破坏前兆,达到极限承载力时,筋体突然发生破坏。由于试件端部缺少必要的约束,试件进行受压试验时,试件端部的树脂与纤维间的粘结区薄弱点首先开始脱离,产生裂纹。随着加载力的持续增加,筋体中起粘结和约束作用的树脂遭到破坏,树脂与纤维的脱离区域越来越大,裂纹不断扩展,最终试件发生劈裂破坏。

随后对试验用的GFRP筋进行受拉性能测试。试验中将GFRP筋截成30cm

长的试件，采用 300T 液压试验机对 GFRP 筋的抗拉性能进行测试，安置在液压试验机上进行手动加载，并在筋体中部粘贴标距为 1mm 的电阻应变片，将应变片连接到 IMC 应变采集系统上对筋体的纵向应变进行采集，试验中 GFRP 筋达到极限承载力后，承载力急剧下降，没有明显的破坏前兆。GFRP 筋的抗压与抗拉性能测试结果见表 7.1。

GFRP 筋的实测力学性能　　　　　　　　表 7.1

Mechanical properties of GFRP bars　　　　Table 7.1

直径 /mm	受压破坏荷载 /kN	抗压强度 $f_{fu,k}$ /MPa	受压弹性模量 E_f^c /GPa	受拉破坏荷载 /kN	抗拉强度 /MPa	受拉弹性模量 /GPa
10	54.10	689.23	60.22	57.48	1103.18	92.38

7.2.2　GFRP 筋混凝土偏心受压柱设计

(1) 混凝土配合比与强度设计

混凝土采用沈阳建筑大学容量为 0.6m³ 搅拌机进行搅拌，具体配合比见表7.2，试件的强度等级为 C30。

混凝土配合比设计　　　　　　　　表 7.2

The (mix proportion) of concrete　　　　Table 7.2

混凝土强度等级	水灰比/W/C	水泥/kg	水/kg	砂/kg	石/kg
C30	0.38	105	277	307	751

(2) 混凝土试件的设计、制作与应变片的粘结情况

本文进行了 9 根矩形截面的 GFRP 筋混凝土柱的偏心受压试验，试件截面尺寸为 180mm×250mm，$b=180$mm，$h=250$mm，纵筋保护层厚度为 20mm。为减小长细比对 GFRP 筋混凝土柱承载力和稳定性的影响，防止柱子受压时发生失稳破坏，取柱试件高 1000mm，$l_0/h=4<5$，柱子为短柱。柱子的初始偏心距设计为 175mm、125mm 和 75mm，每种偏心距制作 3 根柱。柱子分别编号为 Z175-1、Z175-2、Z175-3，Z125-1、Z125-2、Z125-3 和 Z75-1、Z75-2、Z75-3。试件配筋为对称配筋形式，受压侧与受拉侧各布置 3 根直径为 10mm 的 GFRP 筋作为纵筋。柱身箍筋直径为 4mm，箍筋间距为 50mm，在柱身处平均布置 3 道。本次试验中试件偏心受压，为保证试件的加载位置和两端的自由转动，需要在试件的上下端安装单刀铰支座。GFRP 筋混凝土柱试件柱头部分的受力情况比较复杂，为防止混凝土柱试件在受压时柱头部分首先发生局部破坏及端部出现局部受压破坏，采用牛腿状柱头，对两端柱头的配筋做了一定的

加强，每个柱头配置 3 根直径 16mm 的平面受力钢筋，柱头箍筋直径为 6mm，箍筋以 50mm 为间距平均布置 5 根。另外在端部设置钢板，一方面可以在表面焊角钢固定刀铰，防止试件在受压过程中因单面受力过大，试件飞出，造成人员伤亡，另一方面要保证混凝土试件受力均匀。平面受力钢筋型号为 HRB335 的，箍筋均为盘圆筋，试件详细的尺寸和配筋情况见图 7.2。

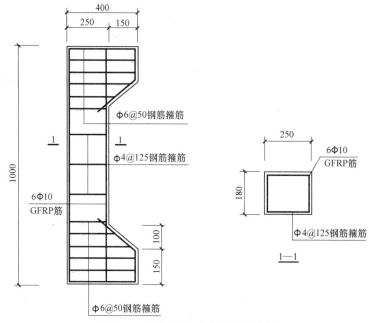

图 7.2　试件截面尺寸及配筋情况

Fig. 7.2　Section dimensions and reinforcements of the specimens

　　钢筋笼采用冷镀锌 20 号铁线进行绑扎，并在柱头绑点处多用几股绑丝进行加密，钢筋笼的绑扎情况见图 7.3。

　　浇筑时采用人工制作的木质模具定型。对拉钢板厚度为 20mm，试件浇筑前将钢板一面焊接四个钢筋爪，插入 GFRP 筋笼中，一起浇筑，见图 7.4。

　　本试验所有试件浇筑均采用卧式浇筑。为防止模板与混凝土粘连，浇筑前在模板表面刷专用油。浇筑过程中用小型振捣棒进行振捣，以使试件浇筑密实，具体浇筑情况见图 7.5。试件制作过程，每批混凝土制作三块 150mm×150mm×150mm 的立方体伴随试块，与试验试件在同等条件下进行养护，用于测试混凝土立方体抗压强度。为防止水分蒸发过快，造成试件开裂，影响混凝土的强度，养护过程中，在试件和伴随试块的表面覆盖薄膜；在拆模前的一个星期内每天早晚各浇水一次；待拆模后，每 3—5 天浇水一次，养护 28 天。待到预定龄期后，将混凝土表面打磨平整，刷上大白粉，用墨斗在试件表面弹出格子线，以便在试验时更好地观察试件的裂缝情况，见图 7.6。

图 7.3 箍筋和 GFRP 筋的绑扎

Fig. 7.3 The stirrup and the steel reinforcement binding

（a）GFRP 筋笼侧面；（b）GFRP 筋笼受压面；（c）GFRP 筋笼受拉面；（d）GFRP 筋笼柱头

（3）测点布置、应变片布置及数据采集情况

本次试验中，主要测量内容包括混凝土偏心受压柱所受压力、纵筋的纵向应变、混凝土的纵横向应变、混凝土偏心受压柱的竖向极限承载力值、混凝土偏心受压柱的竖向位移以及混凝土偏心受压柱中部的侧向挠度等。

试验采用标距为 1mm 电阻应变片测量试验柱内部筋体的纵向应变，每根 GFRP 纵筋中部布置一个电阻应变片，焊接完毕后，用纱布浸渍环氧树脂包裹，具体粘贴情况见图 7.6。采用标距为 80mm 的应变片测量 GFRP 筋混凝土柱混凝土的纵横向应变。测量横向应变的应变片均布置在混凝土柱试件的纵向中间部位，受拉侧与受压侧以 35mm 的平均间距各布置 3 个，侧面以 42mm 的平均间距布置 4 个。在试件受压侧与受拉侧位于中间位置的电阻应变片的上下位置各粘贴一个电阻应变片，用来测量混凝土的纵向应变。混凝土柱表面粘贴电阻应变片的情况见图 7.7。在粘贴电阻应变片前，将粘贴位置的表面先用清水擦洗干净，再用酒精擦拭，这样混凝土应变片能更好地和混凝土粘贴，减小误差。

(a)   (b)

(c)   (d)

图 7.4   浇筑前试件

Fig. 7.4   The specimen before concrete casting

(a) 试件模板；(b) 预埋钢板；(c) 钢板与 GFRP 筋笼一起整体放入模板内；(d) 钢板钢筋爪插入 GFRP 筋笼情况

图 7.5   浇筑混凝土试件

Fig. 7.5   Concrete specimen casting

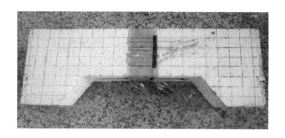

图 7.6　混凝土柱试件表面

Fig. 7.6　The surface of concrete column specimen

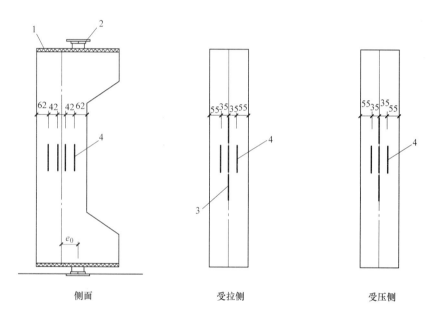

侧面　　　　　　　受拉侧　　　　　　　受压侧

图 7.7　应变测点示意图

Fig. 7.7　The location of strain gaul

1—钢板；2—刀铰；3—位移计；4—混凝土应变片

　　GFRP 筋混凝土偏心受压柱的竖向位移由两个量程 50mm 的滑线式电阻位移计测量，试件的受拉侧与受压侧的中间位置各放置 1 个。偏压柱的侧向挠度由 3 个量程为 100mm 的滑线式电阻位移计测量，3 个测点沿混凝土柱的受拉侧纵向布置，1 个测点布置在柱的中点处，其余 2 个测点布置在中间测点上下位置，距离中间测点均为 125mm。位移计具体的布置情况见图 7.7。

　　混凝土偏心受压柱的纵筋和箍筋的纵向应变、混凝土的纵横向应变、混凝土偏心受压柱的竖向极限承载力值、混凝土偏心受压柱的竖向位移以及混凝土偏心受压柱柱中部的侧向挠度均使用 IMC 数据采集系统采集记录，另外试件所受的各级荷载由荷载传感器测定，并同时由 IMC 数据采集系统采集记录。

7.2.3　试验加载方案

本试验标准试块采用沈阳建筑大学结构工程实验室的 500T 压力试验机进行手动加载，试块加载见图 7.8。实测混凝土立方体试块强度如表 7.3 所示。

(a) | (b)

图 7.8　混凝土标准试块加载图

Fig. 7.8　Loading of concrete cube specimen

(a) 试块加载前；(b) 试块达到极限承载力

实测混凝土立方体试块强度　表 7.3

tested strength of concrete cube specimens　Table 7.3

试件标号	实测混凝土试块破坏荷载/kN	实测混凝土强度/MPa
zz-1	759	33.73
zz-2	710	31.56
zz-3	1050	46.67
zz-4	658	29.24
zz-5	753	33.47
zz-6	594	26.40
均值	754	33.51

图 7.9　钢板表面焊接图

Fig. 7.9　Welding of steel plate on surface of the specimen

本试验混凝土试件为偏心受压件，试验前需在试件的上下两端的钢板上焊接角钢来固定刀铰，见图 7.9。刀铰在 500kN 压力机上安装图，见图 7.10。

本试验中 GFRP 筋混凝土柱试件自重较大，借助试验室设备人工将试件安放在压力试验机上，见图 7.11。GFRP 筋混凝土柱试件加载图见图 7.12。IMC

数据采集系统具有对单一通道进行连续数据采集和观察的功能，对试件加载及持载过程中施加的荷载可以进行很好的测量及控制。另外试验前需对所有传感器和应变片进行标定，并将其连接到 IMC 应变采集系统上，运用 IMC 数据采集系统的功能对所有传感器和应变片进行复位和平衡。

图 7.10　刀铰在压力机上安装图

Fig. 7.10　Mounting of knife hinge in testing machine

图 7.11　试件安放

Fig. 7.11　Placement of the specimen

图 7.12　试验装置图

Fig. 7.12　Testing setup

本试验采用手动持续加载方案，试验正式开始时，首先缓慢施加荷载，构件采集数据稳定后荷载以 20kN/min 的速度匀速加载，待接近开裂荷载和极限承载力时，加载速度适当降低，以 10kN/min 的速度匀速加载。试验过程中应用裂缝观测仪测量裂缝宽度，并记录对应的荷载值。

7.3　GFRP 筋混凝土柱偏心受压试验结果与分析

7.3.1　破坏形态

本试验中初始偏心距为 175mm 的偏心受压试件 Z175-1，随着竖向荷载的持续增加，在竖向荷载达到 61kN 时，GFRP 筋混凝土柱试件受拉侧中间位置出现裂缝，初始裂缝宽度为 0.22mm。竖向荷载达到 140kN 时，受拉侧出现 3 条基本水平的裂缝，裂缝位置大致位于 GFRP 筋混凝土柱柱身的 1/4 处、1/2 处和 3/4 处，裂缝宽度分别为 0.49mm，0.98mm 和 1.04mm。随着竖向荷载的进一步增加，混凝土柱的受拉侧与侧面出现裂缝，混凝土试件的侧面与拉压侧的裂缝延伸到一起。竖向荷载达到 201kN 时，GFRP 筋混凝土试件发生受压破坏。混凝土试件受拉侧及侧向的裂缝宽度增大，见图 7.13（a）、（b）；试件侧面靠近受压侧的混凝土在混凝土试件的 GFRP 筋保护层位置出现竖向劈裂破坏；受压侧混凝土则出现压碎破坏，见图 7.13（c）。

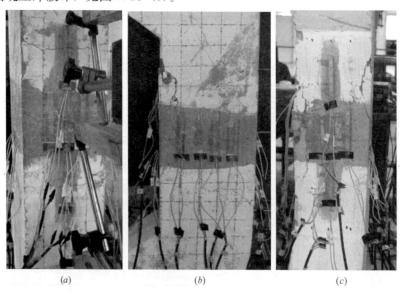

(a)　　　　　　　　　　　(b)　　　　　　　　　　　(c)

图 7.13　Z175-1 试件破坏图

Fig. 7.13　Failure modes of specimen Z175-1

(a) 受拉侧；(b) 侧面；(c) 受压侧

初始偏心距为 175mm 的偏心受压试件 Z175-2，随着竖向荷载的持续增加，在竖向荷载达到 53kN 时，GFRP 筋混凝土柱试件受拉侧靠近侧面的中间位置出现裂缝，初始裂缝宽度为 0.18mm。竖向荷载增加到 67kN 时，混凝土试件的侧面靠近受拉侧位置出现裂缝，裂缝宽度为 0.16mm。竖向荷载达到 73kN 时，混凝土试件的受压侧出现裂缝，裂缝宽度为 0.19mm。竖向荷载达到 149kN 左右时，混凝土受拉侧表面粘贴的应变片破坏，混凝土表面的裂缝逐渐增多，宽度增大。竖向荷载达到 174kN 时，混凝土试件受拉侧裂缝继续增大，在柱身的 1/4 处、1/2 处和 3/4 处形成 3 条近似水平的主裂缝，并向侧面延伸，见图 7.14 (a)，试件侧面出现很大裂缝，见图 7.14 (b)，将受压侧与受拉侧的裂缝连接到一起，成为裂缝网，靠近受压侧位于 GFRP 筋保护层位置的混凝土出现劈裂；受压侧混凝土劈裂，见图 7.14 (c)，混凝土试件达到极限承载力。

(a) 　　　　　　　　　　(b) 　　　　　　　　　　(c)

图 7.14　Z175-2 试件破坏图

Fig. 7.14　Failure modes of specimen Z175-2

(a) 受拉侧；(b) 侧面；(c) 受压侧

初始偏心距为 175mm 的偏心受压试件 Z175-3，随着竖向荷载的持续增加，在竖向荷载达到 50kN 时，GFRP 筋混凝土柱试件受拉侧靠近侧面的中部出现裂缝，初始裂缝宽度为 0.15mm。竖向荷载达到 75kN 时，试件内部发出嘶哑的破裂声，侧面出现裂缝，裂缝宽度为 0.21mm。竖向荷载达到 101kN 时，混凝土试件的受压侧出现裂缝，裂缝宽度为 0.19mm。随着竖向荷载的持续增加，混凝土试件的受拉侧出现 3 条近似水平的裂缝，裂缝大致位于柱身的 1/4 处、1/2 处和 3/4 处。竖向荷载达到 161kN 时，混凝土试件受拉侧上、中和下 3 条主裂缝宽度分别为 0.51mm、1.03mm 和 1.03mm。竖向荷载达到 181kN 时，混凝土试件受拉侧裂缝继续增大，混凝土试件受拉侧裂缝继续增大，延伸向侧面，见图 7.15（a），侧面靠近受压侧连接处的混凝土沿着 GFRP 筋的保护层位置发生竖向劈裂，见图 7.15（b）；受压侧发生压碎破坏，见图 7.15（c），同时 GFRP 筋混凝土试件达到极限承载力。

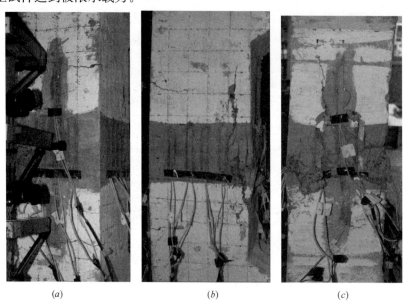

（a）　　　　　　　　　　（b）　　　　　　　　　　（c）

图 7.15　Z175-3 试件破坏图

Fig. 7.15　Failure modes of specimen Z175-3

（a）受拉侧；（b）侧面；（c）受压侧

本试验中初始偏心距为 125mm 的偏心受压试件 Z125-1，随着竖向荷载的持续增加，在竖向荷载达到 80kN 时，GFRP 筋混凝土柱试件受拉侧中部出现裂缝，初始裂缝宽度为 0.17mm。混凝土试件的受拉侧中部裂缝的上、下位置也出现裂缝，分别位于柱身的 1/4 处和 3/4 处，竖向荷载达到 92kN 时，混凝土试件受拉侧位于上、中和下位置的裂缝宽度分别达到 0.31mm，0.20mm 和 0.27mm。竖向荷载达到 100kN 时，混凝土试件的侧面出现裂缝，裂缝宽度为 0.85mm。随着竖向荷载的持续增加，混凝土试件受拉侧的裂缝逐渐增大，在柱身 1/4 处、1/2 处和 3/4 处形成 3 条近似水平的主裂缝，并逐渐向侧面延伸。侧面也逐渐在柱身 1/4 处、1/2 处和 3/4 处形成 3 条近似水平的主裂缝，竖向荷载达到 244kN 时，混凝土试件侧面上、中和下位置的裂缝分别达到 0.75mm，0.47mm 和 2.10mm。竖向荷载达到 269kN 时，混凝土试件受压侧出现裂缝，裂缝宽度为 0.12mm。竖向荷载达到 291kN 时，GFRP 筋混凝土柱达到极限承载力，受拉侧的 3 条主裂缝越来越明显，见图 7.16（a）；侧面由受拉侧延伸过来的 3 条主裂缝与靠近受压侧保护层位置混凝土劈裂的裂缝延伸到一起，见图 7.16（b）；受压侧混凝土发生剥离破坏，见图 7.16（c）。

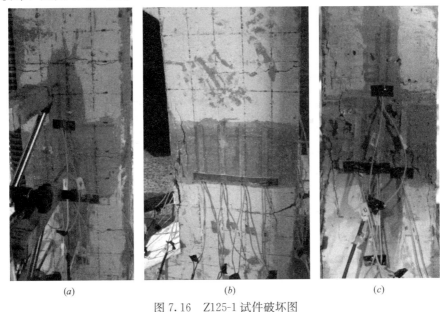

（a）　　　　　　　　　　　　（b）　　　　　　　　　　　　（c）

图 7.16　Z125-1 试件破坏图

Fig. 7.16　Failure modes of specimen Z125-1

（a）受拉侧；（b）侧面；（c）受压侧

　　本试验中初始偏心距为 125mm 的偏心受压试件 Z125-2，随着竖向荷载的持续增加，在竖向荷载达到 78kN 时，GFRP 筋混凝土柱试件受拉侧中间位置出现裂缝，初始裂缝宽度为 0.13mm。随着竖向荷载的持续增加，混凝土试件受拉侧大约位于柱身的 1/4 处和 3/4 处首先出现裂缝，随后混凝土试件的受拉侧 1/4 处、1/2 处和 3/4 处形成 3 条近似水平的主裂缝。混凝土试件竖向荷载达到 114kN 时，混凝土试件柱身受拉侧下部的裂缝宽度为 0.18mm。竖向荷载达到 144kN 时，混凝土试件柱身受拉侧上部的裂缝宽度为 0.25mm。竖向荷载达到 158kN 时，混凝土柱的侧面柱身的中间部位出现裂缝，裂缝宽度为 0.06mm。随着竖向荷载的持续增大，混凝土试件侧面柱身的上、下部位也出现裂缝。竖向荷载达到 211kN 时，混凝土试件侧面下部的裂缝扩展至 1.41mm。竖向荷载达到 222kN 时，受拉侧上部的裂缝扩展到 0.79mm。竖向荷载达到 243kN 时，受拉侧中间部位的裂缝扩展至 0.3mm。竖向荷载达到 254kN 时，混凝土试件内部有破裂声，应该是 GFRP 筋体在受压过程中内部纤维被撕裂。竖向荷载达到 255kN 时，混凝土试件受压侧在 GFRP 筋保护层位置产生竖向裂缝，裂缝宽度为 0.15mm。竖向荷载达到 290kN 时，GFRP 筋混凝土试件达到极限承载力，受拉侧柱身的 1/4 处、1/2 处和 3/4 处形成 3 条明显的近似水平的裂缝，见图 7.17

（a），并向混凝土柱试件的侧面延伸；混凝土柱试件的侧面靠近受压侧的 GFRP 筋保护层位置混凝土劈裂，见图 7.17（b）；混凝土柱试件的受压侧混凝土发生压碎破坏，见图 7.17（c）。

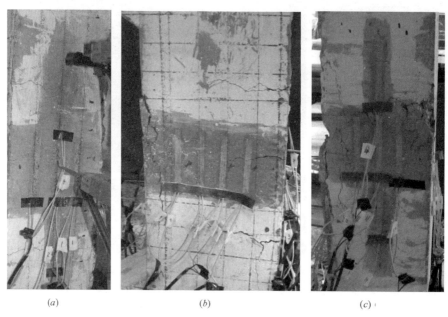

（a）　　　　　　　　　　　（b）　　　　　　　　　　　（c）

图 7.17　Z125-2 试件破坏图

Fig. 7.17　Failure modes of specimens Z125-2

（a）受拉侧；（b）侧面；（c）受压侧

　　本试验中初始偏心距为 125mm 的偏心受压试件 Z125-3，随着竖向荷载的持续增加，在竖向荷载达到 103kN 时，GFRP 筋混凝土柱试件受拉侧中间位置出现裂缝，初始裂缝宽度为 0.21mm。随着竖向荷载的持续增加，混凝土试件受拉侧的上、下部位也相继出现裂缝。竖向荷载达到 122kN 时，混凝土试件受拉侧中间部位的裂缝宽度为 0.23mm。竖向荷载达到 138kN 时，混凝土试件受拉侧柱身上部的裂缝宽度为 0.07mm。竖向荷载达到 152kN 时，混凝土试件受拉侧柱身下部的裂缝宽度为 0.31mm。竖向荷载达到 174kN 时，混凝土试件的侧面出现裂缝，位于柱身中间部位，裂缝宽度为 0.07mm。随着竖向荷载的持续增加，混凝土试件受拉侧的裂缝逐渐向侧面延伸，侧面柱身的上、下部位也逐渐出现裂缝。竖向荷载达到 220kN 时，混凝土试件侧面上部的裂缝宽度 0.11mm。竖向荷载达到 247kN 时，混凝土试件侧面中间的裂缝宽度为 0.13mm。竖向荷载达到 284kN 时，混凝土试件侧面下部的裂缝宽度为 0.13mm。竖向荷载达到 325kN 时，混凝土试件的受压侧出现裂缝，裂缝宽度为 0.18mm。竖向荷载达到 347kN 时，GFRP 筋混凝土试件达到极限承载力，混凝土试件的受拉侧在柱身的 1/4 处、1/2 处和 3/4 处形成3条明显的近似水平的裂缝,见图7.18(a);混凝土柱试件的侧面靠近受压侧的GFRP筋保护层位置产生竖向裂缝,见图7.18(b);混凝土柱试件的受压侧混凝土发生剥离破坏,见图7.18(c)。

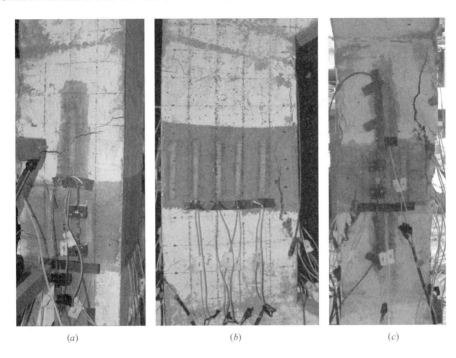

(a)   (b)   (c)

图7.18 Z125-3试件破坏图

Fig. 7.18 Failure modes of specimens Z125-3

(a) 受拉侧;(b) 侧面;(c) 受压侧

本试验中初始偏心距为75mm的偏心受压试件Z75-1,随着竖向荷载的持续增加,试件在加载过程中产生很小的崩裂声,据推断是GFRP筋筋体在受压过程中内部纤维撕裂导致。在竖向荷载达到330kN时,GFRP筋混凝土柱试件侧面首先出现裂缝,初始裂缝宽度为0.21mm。竖向荷载达到445kN时,GFRP筋混凝土柱的受拉侧出现裂缝,裂缝宽度为0.08mm。随着竖向荷载的持续增加,混凝土试件的受拉侧出现3道近似水平的主裂缝,分别位于受拉侧大约在柱身的1/4处、1/2处和3/4处。竖向荷载达到455kN时,混凝土柱试件受拉侧上部的裂缝宽度为0.15mm。竖向荷载为461kN时,混凝土柱试件受拉侧下部的裂缝宽度为0.06mm。竖向荷载达到503kN时,混凝土试件受拉侧下部的裂缝宽度为0.03mm。随着竖向荷载的持续增加,受拉侧的3条主裂缝向侧面延伸,试件侧面靠近受拉侧位置也出现3条主裂缝,并向试件受压侧中部方向延伸。在竖向荷载达到630kN时,GFRP筋混凝土柱试件受压侧出现竖向裂缝,裂缝宽度为

0.19mm。竖向荷载达到 640kN 时，GFRP 筋混凝土柱试件达到极限荷载，受拉侧的 3 条主裂缝越发明显，并向侧面延伸，见图 7.19（a）；侧面靠近受压侧混凝土沿 GFRP 筋保护层位置劈裂，且与侧面靠近受拉侧 3 条裂缝延伸到一起，形成一个倒着的 K 形，见 7.19（b）；混凝土柱试件受压侧混凝土保护层开裂，发生劈裂破坏，见 7.19（c）。

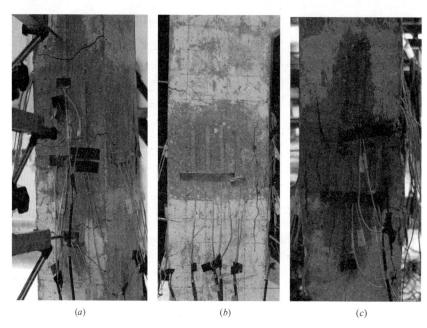

(a) 　　　　　　　　(b) 　　　　　　　　(c)

图 7.19　Z75-1 试件破坏图

Fig. 7.19　Failure modes of specimens Z75-1

(a) 受拉侧；(b) 侧面；(c) 受压侧

本试验中初始偏心距为 75mm 的偏心对比试件偏心柱 Z75-2，竖向荷载达到 234kN 时，混凝土柱试件内部有轻微的脆裂声，应该是试件在受压过程中混凝土压碎导致。在竖向荷载达到 403kN 时，GFRP 筋混凝土柱试件受拉侧中间部位首先出现裂缝，初始裂缝宽度为 0.13mm。随着竖向荷载的持续增大，混凝土柱试件受拉侧柱身的上、下部位也逐渐出现裂缝。竖向荷载为 438kN 时，混凝土柱试件受拉侧中间的裂缝宽度为 0.17mm。竖向荷载为 456kN 时，混凝土柱试件受拉侧下部的裂缝宽度为 0.06mm。竖向荷载为 503kN 时，混凝土柱试件受拉侧上部的裂缝宽度为 0.03mm。竖向荷载达到 563kN 时，GFRP 筋混凝土柱试件出现侧向裂缝，见图 7.20（b），裂缝宽度为 0.09mm。竖向荷载达到 658kN 时，受拉侧上部的裂缝宽度为 0.06mm。竖向荷载达到 669kN 时，混凝土柱侧面中间部位的裂缝宽度为 0.2mm。竖向荷载达到 658kN 时，GFRP 筋混凝土柱达到极限荷载，试件的柱身受拉侧大约 1/4 处、1/2 处和 3/4 处形成 3 条近似水平的主裂缝，见图7.20（a）；混凝土柱侧面接近受压侧GFRP筋保护层处混凝土劈裂，见图7.20（b）；混凝土柱受压侧混凝土压碎破坏，见图7.20（c）；试件加载过程中未听见明显的破裂声。

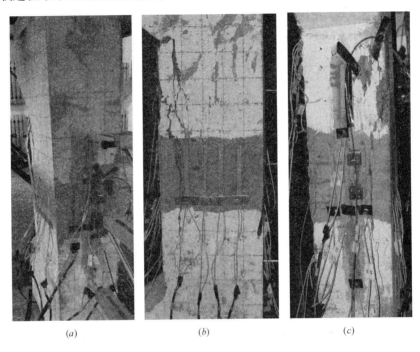

（a）   （b）   （c）

图 7.20 Z75-2 试件破坏图

Fig. 7.20 Failure modes of specimens Z75-2

（a）受拉侧；（b）侧面；（c）受压侧

本试验中初始偏心距为75mm的偏心受压试件Z75-3，随着竖向荷载的持续增加，试件在加载过程中产生很小的崩裂声，竖向荷载达到152kN时，混凝土柱试件内部有轻微的脆响声。在竖向荷载达到370kN时，GFRP筋混凝土柱试件受拉侧中间部位首先出现裂缝，初始裂缝宽度为0.11mm。竖向荷载达到438kN时，混凝土柱试件受拉侧出现第二道裂缝，裂缝宽度为0.07mm。竖向荷载达到493kN时，GFRP筋混凝土柱试件受拉侧出现第三道裂缝，裂缝宽度为0.04mm。随着竖向荷载的持续增加，混凝土柱受拉侧柱身的上、下部位也逐渐出现裂缝。竖向荷载达到603kN时，受拉侧上部裂缝宽度为0.77mm。竖向荷载达到610kN时，混凝土柱试件受拉侧中间部位的裂缝宽度为0.89mm。竖向荷载达到617kN时，混凝土柱试件受压侧混凝土出现裂缝，裂缝宽度为0.11mm。竖向荷载达到625kN时，GFRP筋混凝土柱试件表现出类屈服的阶段即荷载增加缓慢裂缝发展迅速，破坏时有破裂声。混凝土柱试件的受拉侧出现三道近似水平的主裂缝，大致位于柱身的 1/4 处、1/2 处和 3/4 处，见图 7.21 (a)；混凝土柱侧面靠近受压侧 GFRP 筋保护层位置的混凝土严重劈裂，见图 7.21 (b)；混凝土柱受压侧混凝土剥离，见图 7.21 (c)。

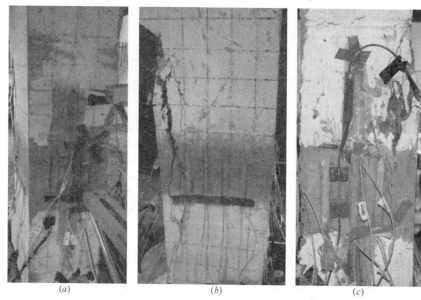

(a)　　　　　　　　　(b)　　　　　　　　　(c)

图 7.21　Z75-3 试件破坏图

Fig. 7.21　Failure modes of specimens Z75-3

(a) 受拉侧；(b) 侧面；(c) 受压侧

图 7.22　打开试件

Fig. 7.22　Crashing concrete

为更好地了解 GFRP 筋混凝土柱试件的破坏形式，试件加载完毕，用电锤将试件打开，见图 7.22。9 根 GFRP 筋混凝土柱试件中，初始偏心距为 175mm 的试件 Z175-1 和 Z175-3，初始偏心距为 125mm 的试件 Z125-1、Z125-2 和 Z125-3，初始偏心距为 75mm 的试件 Z75-2 和 Z75-3 的试件内部筋体的外部形态基本保持完好，见图 7.23 (a、c、d、e、f、i 和 j)。初始偏心距为 175mm 的试件 Z175-2 内部筋体两根发生剪切破坏，见图 7.23 (b)。初始偏心距为 75mm 的试件 Z75-1 一根筋体发生剪切破坏，见图 7.23 (g)。

图 7.24 根据试验中 9 根 GFRP 筋混凝土柱的极限承载力值，绘出了 GFRP 筋混凝土偏心受压柱的极限承载力柱形图，由此可知 GFRP 筋混凝土柱与钢筋混凝土偏心受压柱一样，随着初始偏心距的减小，GFRP 筋混凝土柱的承载力有增大趋势。

图 7.23 试件内部筋体破坏形态（一）

Fig. 7.23 Failure modes of GFRP bars inside specimens

(a) 试件 Z175-1 内部筋体图；(b) 试件 Z175-2 内部筋体图；(c) 试件 Z175-3 内部筋体图；

(d) 试件 Z125-1 内部筋体图；(e) 试件 Z125-2 内部筋体图；(f) 试件 Z125-3 内部筋体图

(g) 试件 Z75-1 内部筋体图；(h) 试件 Z75-1 内部筋体细部图；

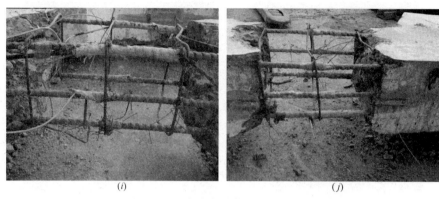

图 7.23　试件内部筋体破坏形态（二）

Fig. 7.23　Failure modes of GFRP bars inside specimens（continued）

（i）试件 Z75-2 内部筋体图；（j）试件 Z75-3 内部筋体图

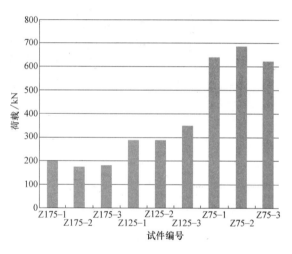

图 7.24　承载力试验结果

Fig. 7.24　Test results of bearing capacity

表 7.4 列出了本次试验中 GFRP 筋混凝土受压柱受压过程中的一些破坏形态特征。GFRP 筋混凝土偏心受压柱破坏形式以受压破坏为主，破坏表现为脆性破坏，破坏前没有明显的前兆，其中 7 个试验柱在加载过程中发出撕裂或爆裂声，经分析原因为试件内部筋体纤维撕裂或混凝土与 GFRP 筋表面剥离。GFRP 筋混凝土偏心受压柱在承受荷载时，初始裂缝主要出现在受拉侧，9 根柱子中只有 1 根柱子初始裂缝出现在侧面，初始裂缝的宽度基本在 0.15mm 左右。受压过程中试验柱受拉侧位于柱身的 1/4 处、1/2 处和 3/4 处形成 3 条近似水平的主裂缝，并逐渐向侧面延伸，试验柱侧面靠近受压侧的 GFRP 筋保护层位置混凝土发生劈裂破坏，可知 GFRP 筋与混凝土的粘结性能不够好，试验

柱受压侧混凝土发生压碎破坏。

试件的受压破坏特征　　　　　　　　　　　　　　　表 7.4
Compression damage characteristics of the specimen　　　Table 7.4

试件编号	极限承载力/kN	开裂荷载/kN	初始裂缝出现位置	试件破坏特征	试件内部筋体破坏情况
Z175-1	201	61	受拉侧	受压侧混凝土劈裂破坏	筋体未发生未断裂
Z175-2	179	53	受拉侧	受压侧混凝土劈裂破坏	受压侧两根受压筋发生剪切破坏
Z175-3	187	50	受拉侧	混凝土柱接近受压侧附近混凝土劈裂,有破裂声	筋体未发生断裂
Z125-1	291	80	受拉侧	受压区混凝土劈裂破坏	筋体未发生断裂
Z125-2	290	78	受拉侧	受压区混凝土劈裂破坏	筋体未发生断裂
Z125-3	347	103	受拉侧	受压区混凝土劈裂破坏	筋体未发生断裂
Z75-1	640	330	侧面	受压区混凝土劈裂破坏	受压侧一根筋体发生剪切破坏
Z75-2	685	403	受拉侧	受压区混凝土劈裂破坏	筋体未发生断裂
Z75-3	625	370	受拉侧	受压侧混凝土劈裂破	筋体未发生断裂

综上所述,9 根 GFRP 筋混凝土试件内部 54 根纵筋中大部分没有发生断裂,表面没有明显的破坏痕迹,试件的破坏始于混凝土的破坏;筋体的破坏形式均为剪切破坏,不同于筋体单独受压时发生的劈裂破坏。可见 GFRP 筋有较好的抗压性能,混凝土能对 GFRP 筋起到一定的保护和约束作用,混凝土先于 GFRP 筋发生破坏,GFRP 筋作为受力筋应用到混凝土受压构件中有很大的优越性。

7.3.2 试件的荷载-侧向挠度关系

根据 9 根 GFRP 筋混凝土试件加载过程中侧面的挠度变化和对应的各级荷载,将其绘成试件的荷载-侧向挠度曲线,见图 7.25。分析可知:试件加载时,当所施加的竖向荷载值小于试件极限承载力的 75% 左右时,试件的荷载-侧向挠度基本呈线性关系,说明这一阶段的混凝土试件处于弹性工作阶段。当所施加的竖向荷载超过极限承载力的 75% 左右时,试件的荷载-侧向挠度关系曲线开始呈非线性关系,曲线斜率开始下降。试件达到极限承载力时,试件荷载-侧向挠度曲线的斜率达到最小正值,随着加载的进行,荷载侧向挠度的关系曲线斜率持续减小,变为负值,荷载的侧向挠度达到最大,荷载-挠度曲线呈现一段平台期,与 Y 轴近似垂直,试件受力进入类屈服阶段,类屈服阶段结束的同时,试件脆性破坏，完全丧失承载能力。试件加载时初始偏心距越小，混凝土试件的挠度越小，荷载-侧向挠度的斜率绝对值越大，这说明混凝土试件加载时，初始偏心距越大，试件的侧向挠度值的变化越快。

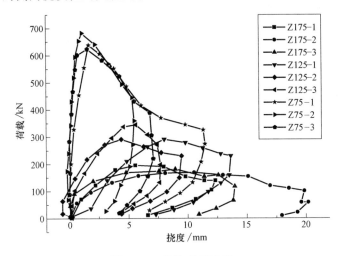

图 7.25　荷载-挠度曲线

Fig. 7.25　Load-deflection curves

7.3.3　GFRP 筋的荷载-应变关系

根据 9 根 GFRP 筋混凝土试件加载过程中受拉和受压 GFRP 筋的实测应变和对应的各级荷载，将其绘成试件内部筋体的荷载-应变曲线，见图 7.26。

图 7.26（a）、（b）和（c）给出的是偏心距为 175mm 的 GFRP 筋混凝土试件内部筋体的荷载-应变曲线。由图可以看出 GFRP 筋在混凝土柱内部作为受力筋时，竖向荷载小于极限承载力的 40% 左右时，受拉侧与受压侧 GFRP 筋的荷载-应变曲线基本呈线性关系，荷载-应变曲线的绝对值基本相同。加载至试件极限承载力的 40% 左右时，受压侧 GFRP 筋的荷载-应变曲线继续保持初始斜率发展，受拉侧 GFRP 筋的荷载-应变曲线斜率则有一定程度的下降。达到极限承载力后，受压侧 GFRP 筋荷载-应变曲线迅速下降，没有明显的屈服阶段，受拉侧 GFRP 筋荷载-应变曲线下降较为缓和，有一定的平台。受拉侧 GFRP 筋荷载-应变曲线与钢筋类似，表现出较好的变形能力。

图 7.26（d）、（e）和（f）给出的是偏心距为 125mm 的 GFRP 筋混凝土试件内部筋体的荷载-应变曲线。由图可以看出，GFRP 筋在混凝土柱内部作为受力筋且竖向荷载小于极限承载力的 20% 左右时，受拉侧与受压侧 GFRP 筋的荷载-应变曲线基本呈线性关系，荷载-应变曲线的绝对值基本相同。加载至试件极限承载力的 20% 左右时，受压侧 GFRP 筋的荷载-应变曲线继续保持初始斜率发

展，受拉侧 GFRP 筋的荷载-应变曲线斜率则有一定程度的下降。达到极限承载力后，受压侧 GFRP 筋与受拉侧 GFRP 筋的荷载-应变曲线都迅速下降，没有明显的屈服阶段，但受拉侧 GFRP 筋荷载-应变曲线下降较受压侧 GFRP 筋的荷载-应变曲线缓和。

图 7.26（g）、（h）和（i）给出的是偏心距为 75mm 的 GFRP 筋混凝土试件内部筋体的荷载-应变曲线。由图可以看出 GFRP 筋在混凝土柱内部作为受力筋时，受拉侧 GFRP 筋的荷载-应变曲线在竖向荷载较小时呈线性关系。在竖向荷载达到一定值后，筋体的荷载-应变曲线有些许下降，随后保持改变后斜率继续成线性延伸，受压侧 GFRP 筋的荷载-应变曲线斜率基本保持在初始值，曲线呈线性关系。达到试件极限承载力后，受压侧 GFRP 筋与受拉侧 GFRP 筋的荷载应变曲线均迅速下降，没有明显的屈服阶段，但受拉侧 GFRP 筋荷载-应变曲线下降较受压侧 GFRP 筋的荷载-应变曲线缓和。

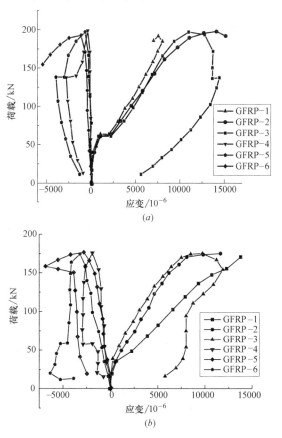

图 7.26 筋体荷载-应变曲线（一）

Fig. 7.26 The load-strain curves of GFRP bars

（a）Z175-1；（b）Z175-2；

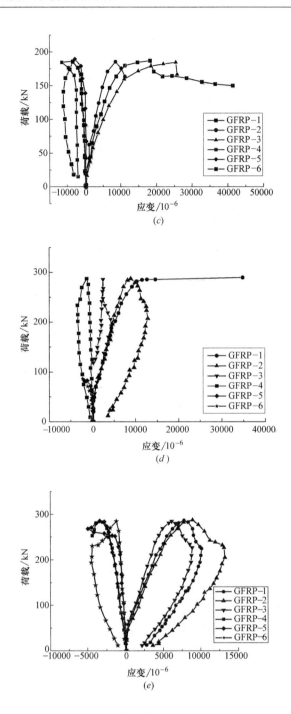

图 7.26　筋体荷载-应变曲线（二）

Fig. 7.26　The load-strain curves of GFRP bars（continued）

（c）Z175-3；（d）Z125-1（e）Z125-2；

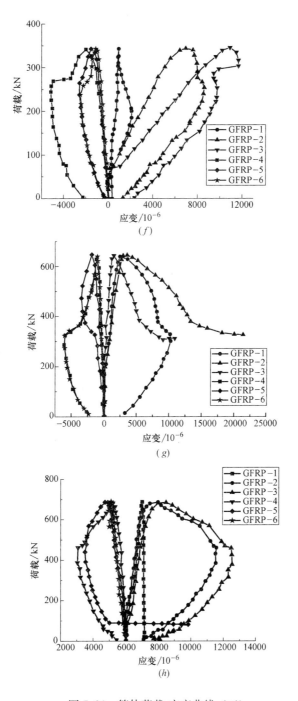

图 7.26 筋体荷载-应变曲线（三）

Fig. 7.26 The load-strain curves of GFRP bars（continued）

（f）Z125-3；（g）Z75-1；（h）Z75-2

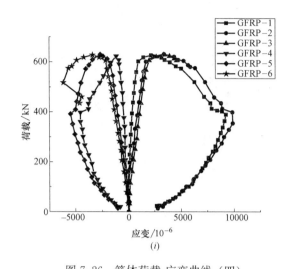

图 7.26   筋体荷载-应变曲线（四）

Fig. 7.26   The load-strain curves of GFRP bars（continued）

(*i*) Z75-3

图 7.27 给出了 9 根 GFRP 筋混凝土柱试件内部 2 号筋和 5 号筋的荷载-应变曲线
对比图。由图可以看出，9 根 GFRP 筋混凝土试件在受压过程中，受压侧筋体的荷
载-应变曲线均基本呈线性关系；达到极限承载力后曲线下降都较迅速，没有明显的
屈服阶段；试件内部筋体的荷载-应变曲线斜率绝对值随着初始偏心距的减小，逐渐
增大；GFRP 筋混凝土柱试件加载时的初始偏心距越大，达到极限承载力后，筋体的
荷载-应变曲线下降越缓和。受拉侧筋体的荷载-应变曲线在加载前期呈现良好的

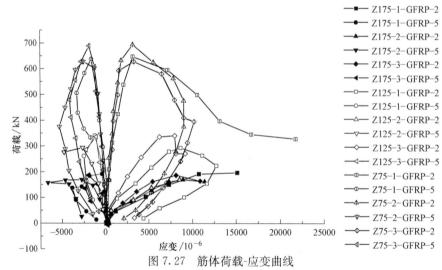

图 7.27   筋体荷载-应变曲线

Fig. 7.27   The load-strain curves of GFRP bars

线性关系；随着竖向荷载值得增大，初始偏心距 175mm 和 125mm 试件内部筋体的荷载-应变曲线先后出现斜率下降的情况，试件的初始偏心距越大，曲线的斜率下降程度越大；达到试件的极限承载力后，试件加载时的初始偏心距越大，试件内部筋体的荷载-应变曲线下降越缓和，表现出的延性性能越良好。

综上，9 根 GFRP 筋偏心受压柱内部 54 根筋体的荷载-应变曲线在竖向荷载小于一定值时呈线性关系，随着竖向荷载的持续增大，位于试件受拉侧筋体的荷载-应变曲线斜率出现一定程度的下降，随后曲线斜率保持在一定值，继续呈线性发展。位于试件受压侧筋体的荷载-应变曲线斜率一直保持在初始值，曲线呈线性发展，直到试件达到极限承载力。达到极限承载力后，筋体的荷载-应变曲线均迅速下降，没有明显的屈服阶段，这与试件加载过程中观察到的试验现象也是吻合的。但是受拉侧筋体的荷载-应变曲线下降程度较受压侧曲线的下降程度缓和，且受压试件的初始偏心距越大，受拉侧筋体的荷载-应变曲线变化越缓和，筋体的延性性能越好，而受压侧筋体的荷载-应变曲线变化程度与初始偏心距的大小联系不大。

7.3.4 混凝土的荷载-应变关系

根据 9 个 GFRP 筋混凝土试件加载过程中侧面、受拉侧和受压侧混凝土柱中部整个横截面的实测应变和对应的各级荷载，将其绘成试件混凝土表面的荷载-应变曲线，见图 7.28。由图可知，9 根 GFRP 筋混凝土柱试件受压侧混凝土的荷载-应变曲线均基本呈线性关系，达到极限承载力后，曲线急剧下降，没有明显的屈服阶段。受拉侧和侧面混凝土的荷载-应变曲线在加载初期表现出较好

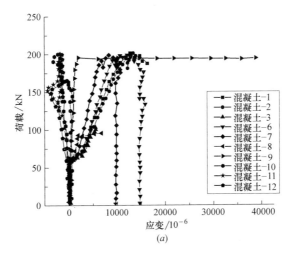

图 7.28 混凝土荷载-应变曲线（一）

Fig. 7.28 The load-strain curves of concrete（continued）

（a）Z175-1；

127

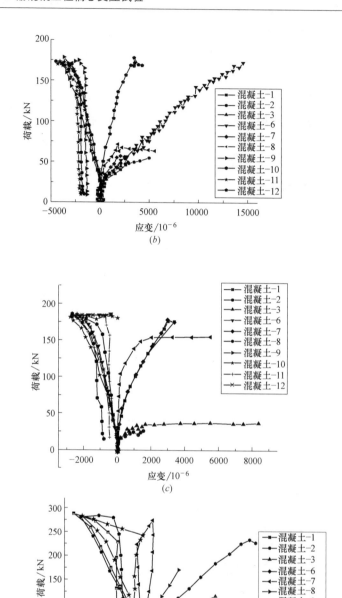

图 7.28　混凝土荷载-应变曲线（二）

Fig. 7.28　The load-strain curves of concrete（continued）

（b）Z175-2；（c）Z175-3；（d）Z125-1；

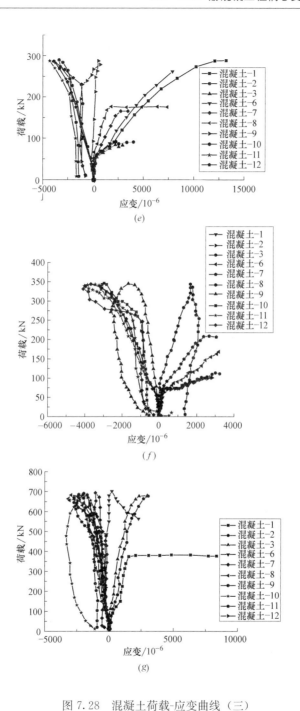

图 7.28 混凝土荷载-应变曲线（三）

Fig. 7.28 The load-strain curves of concrete (continued)

(e) Z125-2；(f) Z125-3；(g) Z75-1；

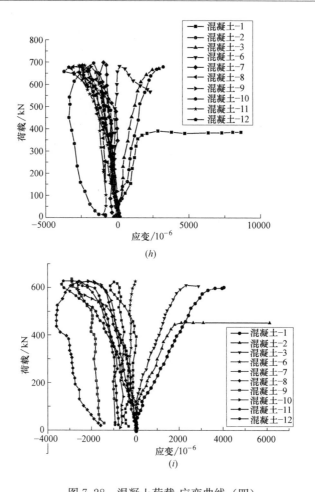

图 7.28　混凝土荷载-应变曲线（四）

Fig. 7.28　The load-strain curves of concrete（continued）

(h) Z75-2；(i) Z75-3

的线性关系，随着竖向荷载的增大，曲线斜率发生变化，有一定的下降，受拉侧的 3 处混凝土表面的荷载-应变曲线斜率下降最快，侧面混凝土表面 4 处的荷载-应变曲线越靠近受拉侧，曲线斜率下降越快。这与试验进行时的破坏现象是一致的。

　　受拉侧混凝土表面的荷载-应变曲线在发生变化之前，与受压侧混凝土的荷载-应变曲线斜率大致是相同的。试件加载时的初始偏心距越大，受拉侧混凝土试件的荷载-应变曲线斜率下降越明显，初始偏心距为 75mm 的 3 个试件中的受拉侧混凝土的荷载-应变曲线变化很小。

　　根据 9 个 GFRP 筋混凝土试件加载过程中受拉侧和受压侧混凝土表面中间纵截面上实测应变和对应的各级荷载，将其绘成试件混凝土表面的荷载-应变曲线，见图 7.29。

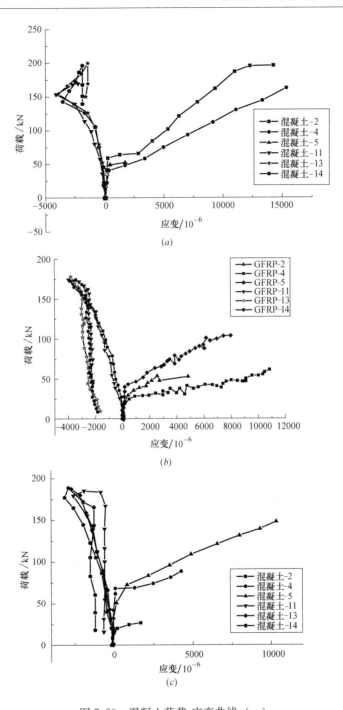

图 7.29 混凝土荷载-应变曲线（一）

Fig. 7.29 The load-strain curves of concrete

(a) Z175-1；(b) Z175-2；(c) Z175-3

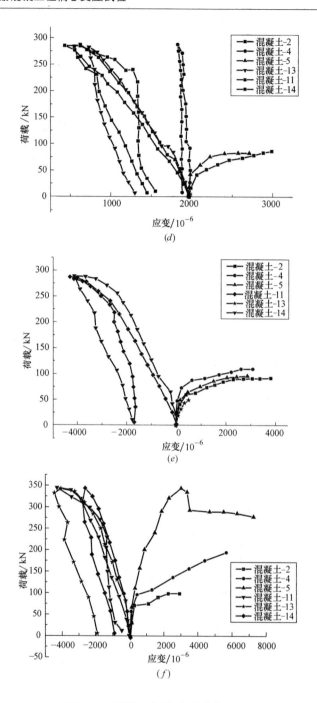

图 7.29　混凝土荷载-应变曲线（二）

Fig. 7.29　The load-strain curves of concrete（continued）

（d）Z125-1；（e）Z125-2；（f）Z125-3

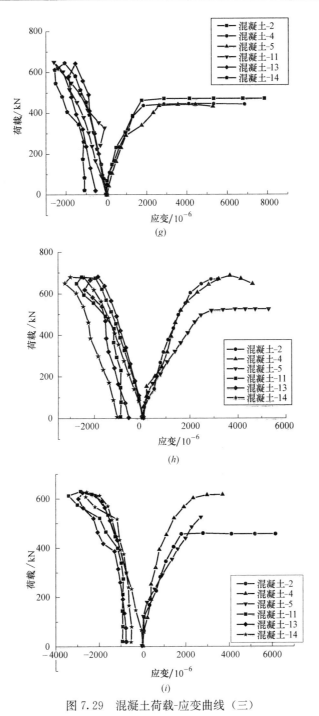

图 7.29 混凝土荷载-应变曲线（三）

Fig. 7.29 The load-strain curves of concrete（continued）

（g）Z75-1；（h）Z75-2；（i）Z75-3

图 7.29（a）、（b）和（c）给出的是加载时初始偏心距为 175mm 的 GFRP 筋混凝土试件混凝土试件表面的荷载-应变曲线，由图可以看出，混凝土试件受压侧纵截面上的 3 处混凝土表面的荷载-应变曲线基本重合，可见初始偏心距为 175mm 的 GFRP 筋混凝土柱的受压侧同一纵截面上的应变差异不大。混凝土试件受拉侧纵截面上的 3 处混凝土表面的荷载应变曲线初始时均呈线性关系，竖向荷载达到一定值，曲线斜率有一定程度的下降，随后继续呈线性发展，且受拉侧位于不同高度处混凝土表面的荷载-应变曲线斜率的大小有一定差异。

图 7.29（d）、（e）和（f）给出的是加载时初始偏心距为 125mm 的 GFRP 筋混凝土试件表面的荷载-应变曲线。由图可以看出，混凝土试件受压侧纵截面上的 3 处混凝土表面的荷载-应变曲线基本重合，可知初始偏心距为 125mm 的 GFRP 筋混凝土柱的受压侧同一纵截面上不同高度处混凝土表面的应变变化差异不大。混凝土试件受拉侧纵截面上的 3 处混凝土表面的荷载-应变曲线初始时均呈线性关系，竖向荷载达到一定值，曲线斜率有一定程度的下降，随后继续呈线性发展，且受拉侧位于不同高度处混凝土表面的荷载-应变曲线斜率的大小有一定差异。

图 7.29（g）、（h）和（i）给出的是加载时初始偏心距为 75mm 的 GFRP 筋混凝土试件表面的荷载-应变曲线，由图可以看出，混凝土试件受压侧纵截面上的 3 处混凝土表面的荷载-应变曲线基本重合，可见 GFRP 筋混凝土柱偏心受压试件的受压侧同一纵截面上不同高度混凝土表面的应变变化差异不大。混凝土试件受拉侧表面 3 处混凝土表面的荷载-应变曲线初始时呈线性阶段，竖向荷载达到一定程度时曲线有略微的下降，随后继续呈线性发展，受拉侧位于不同高度处混凝土表面的荷载-应变曲线斜率的大小有一定差异，但差异不大。

根据图 7.29 和以上的分析，可知 9 根 GFRP 筋混凝土柱中，混凝土试件受压侧纵截面上的 3 处混凝土表面的荷载-应变曲线基本重合，GFRP 筋混凝土柱的受压侧同一纵截面上位于不同高度处混凝土表面的应变差异不大。混凝土试件受拉侧纵截面上的 3 处混凝土表面的荷载-应变曲线初始时均呈线性关系，竖向荷载达到一定值时，曲线斜率有一定程度的下降，随后继续呈线性发展，且受拉侧位于不同高度处混凝土表面的荷载-应变曲线斜率的大小有一定差异，且试件的初始偏心距越小，混凝土的应变差异越小。

7.3.5　GFRP 筋体与对应位置混凝土的荷载-应变关系

根据 9 个 GFRP 筋混凝土试件加载过程试件受拉侧和受压侧混凝土表面和内部筋体中间测点处（混凝土-2、GFRP-2、混凝土-11、GFRP-5）的实测应变和对应的各级荷载，绘出了试件受拉侧与受压侧混凝土与 GFRP 筋的荷载应变对比曲线，见图 7.30。

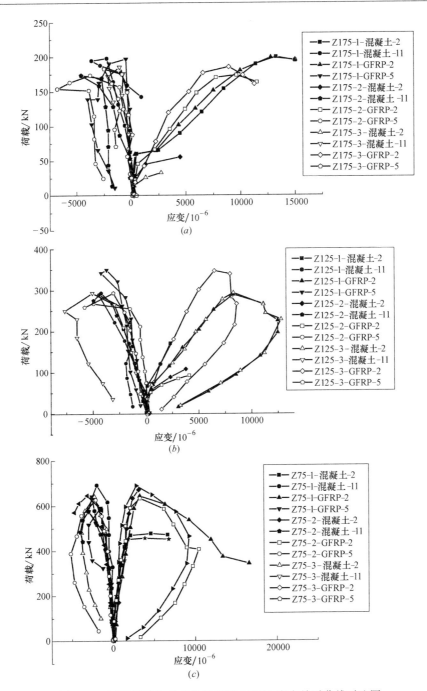

图 7.30　试件筋体与对应位置混凝土荷载-应变关系曲线对比图

Fig. 7.30　Comparison of load-strain curves of GFRP bars and

concrete at the same location

(a) 偏心距 175mm；(b) 偏心距 125mm；(c) 偏心距 75mm

135

试件中位移计与应变片的实测情况　　　　　　　　　　　　　表 7.5

Measured values by displacement meters and strain gauges in specimens

Table 7.5

试件编号	竖向位移 /mm	混凝土最大压应变/$\times 10^{-6}$	混凝土最大拉应变/$\times 10^{-6}$	GFRP 筋最大压应变/$\times 10^{-6}$	GFRP 筋最大拉应变/$\times 10^{-6}$
Z175-1	10.835	4440	16007	5557	15152
Z175-2	15.095	4368	4433	13797	13772
Z175-3	10.845	2894	9051	6418	40606
Z125-1	13.095	4762	4478	7416	11979
Z125-2	9.565	4275	13274	5059	13117
Z125-3	6.725	4244	3160	5196	11660
Z75-1	8.525	3005	7811	6082	21759
Z75-2	8.652	3191	8331	6238	10896
Z75-3	6.091	3412	6116	3605	7821

由图可知，初始偏心距为 175mm、125mm 和 75mm 的偏心受压试件中，混凝土的荷载-应变曲线能和对应位置筋体的荷载-应变曲线在加载前期有很大的相关性，曲线斜率近似，曲线甚至能大致重合，这说明在偏心受压试验中，GFRP 筋与混凝土能很好地协同工作，GFRP 筋与混凝土未发生明显的粘结滑移。另外当竖向荷载加载到一定值后，混凝土表面的荷载-应变曲线较 GFRP 筋的荷载-应变曲线下降明显，出现一定差异，说明 GFRP 筋与混凝土共同工作时，混凝土先于 GFRP 筋破坏。随着竖向荷载的增加，试件受压侧 GFRP 筋与混凝土表面的荷载-应变曲线差异较受拉侧小，说明 GFRP 筋作为受压筋比作为受拉筋与混凝土的协同作用要好，且试件加载时的初始偏心距越小，这种差异越小，混凝土与 GFRP 筋的协同作用越好。

表 7.5 给出了试件加载过程中位移计与应变片的实测数据，由表可知，受拉侧筋体的应变基本都在 10000×10^{-6} 以上，最小的应变也在 7000×10^{-6} 以上，比相应试件中混凝土的应变要大。GFRP 筋的最大压应变虽然没有钢筋的压应变大，但也都在 3500×10^{-6} 以上，比相应试件中受压侧混凝土的应变大，这说明 GFRP 筋作为受压筋应用到混凝土试件中有一定的变形性能。这与图 7.30 中筋体与混凝土表面的荷载-应变曲线对比图是一致的。故 GFRP 筋做为受压筋应用到混凝土结构中有很大的优越性，GFRP 筋作为受力筋应用到混凝土结构中是很有前景的。

7.4　小结

本章通过 9 根 GFRP 筋混凝土柱的偏心受压试验，探讨了 GFRP 筋混凝土偏心受压柱的破坏形态、侧向挠度、内部筋体应变与混凝土表面的应变情况。通

过本试验可得:

(1) GFRP 筋混凝土偏心受压柱破坏形式以受压破坏为主,破坏表现为脆性破坏,破坏前没有明显的前兆。GFRP 筋混凝土偏心受压柱在承受荷载时,初始裂缝主要出现在受拉侧。

(2) 在所施加的竖向荷载值小于一定值时,试件的荷载-侧向挠度关系曲线为线性,混凝土试件处于弹性工作阶段。当所施加的竖向荷载超过一定值时,试件的荷载-侧向挠度关系曲线开始呈非线性关系。

(3) GFRP 筋偏心受压柱内部筋体的荷载-应变曲线在竖向荷载小于一定值时呈线性关系,竖向荷载达到一定值后受拉侧的曲线斜率有一定程度的下降,受压侧曲线则保持初始斜率。达到极限承载力后,筋体的荷载-应变曲线均迅速下降,没有明显的屈服阶段,且受拉侧筋体的荷载-应变曲线下降程度较受压侧曲线的下降程度缓和。

(4) GFRP 筋混凝土柱的受压侧同一纵截面上位于不同高度处混凝土表面的应变大小差异不大,受拉侧位于不同高度处混凝土表面的荷载-应变曲线斜率的大小有一定差异。混凝土试件受拉侧纵截面上混凝土表面的荷载应变曲线初始时均呈线性关系,竖向荷载达到一定值,曲线斜率有一定程度的下降,随后继续呈线性发展。

(5) GFRP 筋混凝土试件的初始偏心距的大小对试件的侧向挠度、内部筋体的应变、混凝土表面的应变有一定程度的影响。初始偏心距越大,试件内部筋体表现出来的变形性能越好。

(6) 混凝土对 GFRP 筋有很好的约束和保护作用,混凝土发生破坏后 GFRP 筋还未发生破坏,GFRP 筋作为受力筋应用到混凝土受压结构中时,与混凝土结构的协同作用稍差。

第 8 章　海水环境下 GFRP 筋混凝土柱轴心受压试验

8.1　前言

为了更好地了解 FRP 筋混凝土结构在腐蚀环境下的力学性能，本文作者进行了海水环境下的 GFRP 筋混凝土短柱的轴压试验，主要考察浸泡时间、直径等因素对 FRP 混凝土结构力学性能的影响及二者的协同作用的变化情况等。

8.2　试验概况

8.2.1　GFRP 筋材料试验

本次使用的 GFRP 筋与第 7 章一致，详情请参考 7.1。

在受压试验的过程中，GFRP 筋应力-应变曲线基本为一条直线。破坏的时候非常突然，基本无明显征兆。受压试验开始，随着荷载不断增大，树脂基体与纤维间的横向应变越来越大，树脂基体与纤维开始分离，荷载继续增加，脱离区域越来越大，最后导致裂纹持续扩展，筋体发生破坏。

GFRP 筋抗压性能基本参数　　　　　　　　　　　　　　表 8.1
Compressive performance parameters of GFRP bars　　Table 8.1

直径 /mm	破坏荷载/kN	抗压强度 /MPa	直径 /mm	破坏荷载/kN	抗压强度/MPa	直径 /mm	破坏荷载/kN	抗压强度/MPa
8	40.943	814.961	10	62.286	793.460	12	95.183	842.032

采用 C30 混凝土，配合比参见表 8.2。

混凝土配合比设计　　　　　　　　　　　　表 8.2
The mixing ratio of concrete　　　　　　Table 8.2

混凝土强度等级	水灰比/W/C	水泥/kg	水/kg	砂/kg	石/kg
C30	0.38	105	277	307	751

8.2.2　海水环境下 GFRP 筋混凝土柱设计

(1) 试验参数

试验共设计 12 根 GFRP 筋混凝土短柱。设置柱头与柱脚，纵筋 GFRP 筋贯通整个柱子，在柱头柱脚内设置数个较短的 GFRP 筋，同时用十字形箍筋以及其他箍筋形式加以连接，这些主要为了防止短柱在受轴压时在端部首先发生破坏，同时也保证了在受压状态下柱子的稳定性。

所有柱子均配置 4 根 GFRP 筋作为受力筋，保护层均为 10mm，箍筋间距为 50mm，构件 ZH1-ZH4 GFRP 筋直径为 8mm，构件 ZH5-ZH8GFRP 筋直径为 10mm，构件 ZH9-ZH12GFRP 筋直径为 12mm。具体参数参见表 8.3。

GFRP 筋混凝土柱试验参数 表 8.3

Test parameters of GFRP bars for concrete columns Table 8.3

试件编号	纵筋直径	箍筋间距/mm	尺寸/mm	配筋方式	配筋率/%
ZH-1	8mm	50	150×150×300	4×φ8	0.894
ZH-2	8mm	50	150×150×300	4×φ8	0.894
ZH-3	8mm	50	150×150×300	4×φ8	0.894
ZH-4	8mm	50	150×150×300	4×φ8	0.894
ZH-5	10mm	50	150×150×300	4×φ10	1.395
ZH-6	10mm	50	150×150×300	4×φ10	1.395
ZH-7	10mm	50	150×150×300	4×φ10	1.395
ZH-8	10mm	50	150×150×300	4×φ10	1.395
ZH-9	12mm	50	150×150×300	4×φ12	2.011
ZH-10	12mm	50	150×150×300	4×φ12	2.011
ZH-11	12mm	50	150×150×300	4×φ12	2.011
ZH-12	12mm	50	150×150×300	4×φ12	2.011

图 8.1 为具体配筋示意图。

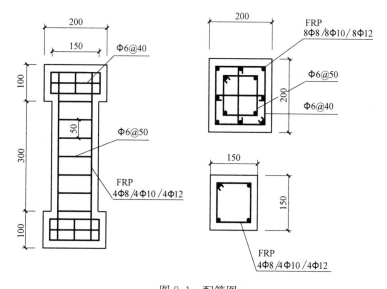

图 8.1 配筋图

Fig. 8.1 Reinforcement layout

（2）浸泡方案设计

本实验为氯盐浸泡试验，采用人工配置的 5 倍浓度的海水来模拟真实环境，对 GFRP 筋混凝土柱进行全浸泡试验。试验为期 120 天，以 40 天为一个周期，共 12 根柱子，分为 4 组。具体分组如下：

① 浸泡 0d：$\phi 8$ 、$\phi 10$、$\phi 12$ 柱子各 1 根；

② 浸泡 40d：$\phi 8$、$\phi 10$、$\phi 12$ 柱子各 1 根；

③ 浸泡 80d：$\phi 8$、$\phi 10$、$\phi 12$ 柱子各 1 根；

④ 浸泡 120d：$\phi 8$、$\phi 10$、$\phi 12$ 柱子各 1 根。

为了保证溶液的浓度，每隔 40 天进行一次换水，同时取出浸足时间的 3 根柱，至 120 天时柱子全部取出，进行轴心受压试验。

溶液配比　　　　　　　　　　　　　　　　　　　　　　　　表 8.4

Solution formula　　　　　　　　　　　　　　　　　　　　Table 8.4

溶质类别	海水溶质体积分数/%	试验盐溶液溶质体积分数/%
NaCl	2.72	13.6
$MgCl_2$	0.38	1.9
$MgSO_4 \cdot 7H_2O$	0.17	0.85
$CaSO_4 \cdot 2H_2O$	0.12	0.6
$CaCO_3$	0.09	0.45
K_2SO_4	0.01	0.05

（3）应变片的粘贴以及浇筑过程

图 8.2 为钢筋笼实物图。

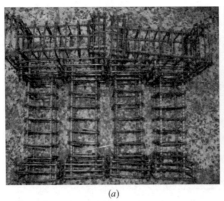 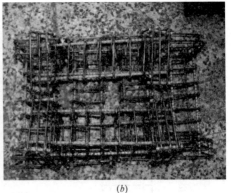

(a)　　　　　　　　　　　　　　　　　　　　(b)

图 8.2　钢筋笼实物图

Fig. 8.2　Reinforcement photo

将焊接好的应变片粘贴在钢筋笼上相应的设计位置，放入制作好的模板中，准备进行混凝土的浇筑，见图（8.3）。

图 8.3　模板实物图

Fig. 8.3　Formwork＋photo

（4）混凝土表面应变片的测点位置（图 8.4）

本次试验主要测量的数据有 GFRP 筋混凝土柱的极限承载力、混凝土表面的纵向与横向应变、纵筋的纵向应变、柱的竖向应变等。

每根 GFRP 筋表面布置 1 个应变片。在混凝土 2 个侧面布置应变片。每个侧面中间部位布置 1 个电阻应变片来测量混凝土中部的应变变化情况，在角筋的表面分别布置 1 个应变片测量 GFRP 筋表面混凝土的变化，同时布置 1 个横向应变片测量试验过程中混凝土的横向应变变化情况。

（5）混凝土浇筑过程

本次试验所有构件均在沈阳建筑大结构实验室室外采用卧式浇筑进行浇筑。浇筑前在模板表面刷油，防止混凝土与模板粘连。浇筑过程当中用结构实验室的小型振动台对模板进行振动，使混凝土试件的浇筑更加密实。标准试块采用 150mm×150mm×150mm 的立方体试块，与试件同等情况下进行养护。为防止水分蒸发过快，造成试件开裂，影响混凝土的强度，养护过程中，在试件和伴随试块的表面覆盖薄膜；在拆模前的一个星期内每天早晚各浇水一次；待拆模后，每 3 到 5 天浇水一次，养护 28 天。具体如图 8.5 所示。

（6）试件的浸泡过程

目前采用自然暴露试验法或者快速老化试验法来进行混凝土结构的耐久性的研究较多，自然暴露试验法好处是可以较为真实的模拟实际工程环境，得到的数据也较为可靠，但是一般试验周期都太长，而且混凝土结构会受到直接损伤，无法大规模进行试验。在实验室内进行的加速老化试验可以在较短的试验周期内反映出试件的耐久性能，但是它的问题是实验室模拟环境未必可以真实地反映出实

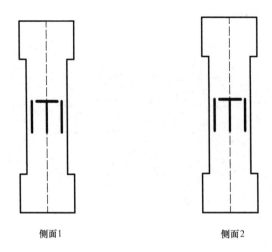

側面1　　　　　　　　　　　　側面2

图 8.4　混凝土表面测点位置

Fig. 8.4　The location of strain gauge of concrete

图 8.5　试件浇筑混凝土

Fig. 8.5　Casting of concrete specimen

图 8.6　混凝土柱试件

Fig. 8.6　The concrete column specimen

际环境，所得数据的准确性也受到一定程度的质疑，但是由于在时间上的绝对优
势，已经成为混凝土耐久性研究最常用的方法之一。加速方式一般是提高浓度、

温度、应力、接触面积等参数。本文主要采用通过提高海水浓度的方法来对 GFRP 筋混凝土短柱加速腐蚀，其目的也是研究单纯氯盐腐蚀对混凝土以及 GFRP 筋性能的影响。

混凝土构件在不同溶液浓度下达到的腐蚀效果各不相同。通过研究发现，试验中采用的溶液浓度既不能过高也不能过低。过高会导致大量的腐蚀性介质会以晶体的形式析出，溶液浓度只能维持在这个恒定水平上，而浓度过低则会导致腐蚀不明显，达不到试验预期效果。

<table>
<tr><td>试验设计分组</td><td></td><td></td><td>表 8.5</td></tr>
<tr><td>Grouping of testing</td><td></td><td></td><td>Table 8.5</td></tr>
</table>

设计分组	腐蚀时间	GFRP 筋直径	柱子个数
A	40	8、10、12	3
B	80	8、10、12	3
C	120	8、10、12	3

本文作者参考了国内外各种相关的规范以及试验，采用 5 倍的海水浓度即 15% 的浓度对 GFRP 筋混凝土柱进行腐蚀。采用较大容积的周转箱对混凝土柱进行全浸泡试验。柱子分组编号分别为 A、B、C，浸泡构件及时间如表 8.5 所示。

每个周转箱内的柱子均需要竖向摆放，使构件与溶液充分接触，而且试件周围都留有空隙，防止互相碰撞以及腐蚀的均匀性。同时为了防止水分的蒸发以及杂物的进入，每个周转箱顶部都用塑料进行密封。

采用公式（8.1）进行氯盐使用量的计算：

$$C = \frac{m}{m_w + m}\% \tag{8.1}$$

图 8.7　海盐

Fig. 8.7　Sea salt

式中 m 代表需要放入一个周转箱内氯盐的质量；m_w 代表需要放入的纯水质量；C 代表氯盐的浓度。每个周转箱内纯水的质量为 175kg，故氯盐的质量为 30.88kg。

本实验所采用的氯盐主要成分大于 99% 的氯化钠，产品等级为工业级，粒度为 100 目，含有较少的氯化钾、氯化镁、硫酸钙、硫酸镁、硫酸钾等化合物杂质，实物图如图 8.7 所示。

将计算得到的氯盐分批次倒入图 8.8 的容器中，在倒入过程中需要不断搅拌，待上一批氯盐融化后再倒入下一批次的氯盐。最后将试件放入容器中。

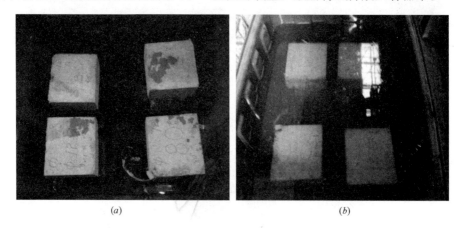

(a) (b)

图 8.8 试件腐蚀

Fig. 8.8 Specimen corroding

浸泡一段时间后，构件表面开始出现箍筋锈蚀痕迹以及少量盐结晶，见图 8.9。

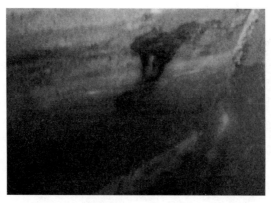

图 8.9 腐蚀及结晶

Fig. 8.9 Corrosion and crystallization

浸泡 40 天时，取出第一组试件，整体以及局部现象参见下图 8.10、图 8.11。

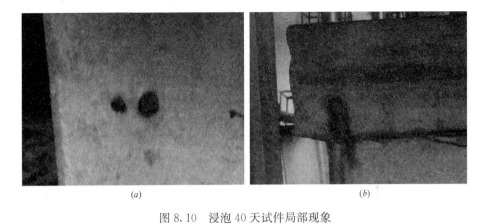

图 8.10 浸泡 40 天试件局部现象

Fig. 8.10 Testing phenomenon after 40 days immersion corrosion

图 8.11 浸泡 40 天前后对比图

Fig. 8.11 Comparison of the specimen before and after 40 days immersion corrosion

(a) 浸泡 40 天；(b) 浸泡 0 天

我们可以清晰地看出腐蚀 40d 后，构件表面的颜色明显的加深。由于构件保护层较薄，箍筋已经受到了盐水的腐蚀，而且可以发现在构件距离空气较近的一段腐蚀会更加严重一点，这是因为钢筋腐蚀需要氧气的参与，水下区氧气的多少决定了反应的剧烈程度。反应式如下：

$$Fe^{2+} + 2Cl^- + 4H_2O \longrightarrow FeCl_2 \cdot 4H_2O \tag{8.2}$$

$$FeCl_2 \cdot 4H_2O \longrightarrow Fe(OH)_2 \downarrow + 2Cl^- + 2H^+ 2H_2O \tag{8.3}$$

$$6FeCl_2 + O_2 + 6H_2O \Longrightarrow 2Fe_3O_4 + 12H^+ + 12Cl^- \tag{8.4}$$

    混凝土结构暴露环境越恶劣，钢筋锈蚀速度越快。潮汐区和浪溅区的混凝土在遭受氯离子、硫酸根离子、镁离子等腐蚀的同时还有海水干湿循环的侵蚀并且氧气非常充足，两者共同加速了氯离子的渗透和钢筋的锈蚀。经过多次的干湿循环后，当混凝土内部的钢筋表面氯离子浓度达到临界氯离子浓度，筋体表面钝化膜开始被氯离子破坏，钢筋锈蚀开始。这就是潮汐区和浪溅区的混凝土结构中钢筋锈蚀程度要远高于海洋水下区的原因。

    浸泡 80 天后，取出第二组构件，见图 8.12、图 8.13。

(a)   (b)

图 8.12　浸泡 80 天前后对比图

Fig. 8.12　Comparison of the specimen before and after 80 days immersion corrosion

(a) 浸泡 80 天后；(b) 浸泡 0 天

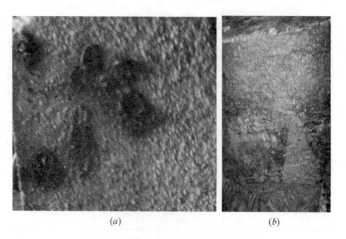

(a)   (b)

图 8.13　浸泡 80 天试件局部现象

Fig. 8.13　Testing phenomenon after 80 days immersion corrosion

如图 8.13 所示,80 天后钢筋腐蚀进一步加重,构件表面有盐结晶析出。
浸泡 120 天时,取出最后一组试件,如图 8.14 所示,图 8.15 为局部图片。

(a) (b) (c)

图 8.14 浸泡 120 天试件图

Fig. 8.14 The specimen after 120 days immersion corrosion

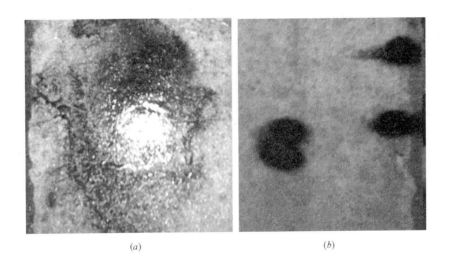

(a) (b)

图 8.15 浸泡 120 天局部现象

Fig. 8.15 Testing phenomenon after 120 days immersion corrosion

浸泡 120 天时,箍筋锈蚀已非常严重,表面混凝土出现起砂现象,个别位置
已经有轻微的混凝土腐蚀剥落的现象,同样表面析出大量盐结晶。由于氯盐在空
气中结晶吸水效应,使得混凝土表面干燥时间较长,说明氯盐早已大量附着在混

凝土表面并有一部分已经进入混凝土内部。随着浸泡时间增加，混凝土结构内部
盐结晶程度增大，内部出现微裂缝。

8.2.3　试验加载方案

本次试验采用沈阳建筑大学结构实验室 5000kN 压力试验机，加载速率恒定
直至试件彻底破坏。具体试验装置见图 8.16。

图 8.16　5000kN 压力试验机

Fig. 8.16　5000kN compression-testing machine

GFRP 筋混凝土柱加载测试过程中，通过电阻应变片采集柱身内的 GFRP
筋、短柱表面混凝土的应变变化情况。此次试验在柱身中间部位、GFRP 筋上表
面布置应变片，来测量混凝土的纵向应变，同时布置 1 个测量混凝土横向应变的
应变片。再布置 2 个位移计测量柱的轴向位移。

本次试验采用的 IMC 数据采集系统，如图 8.17、图 8.18 所示。该系统具

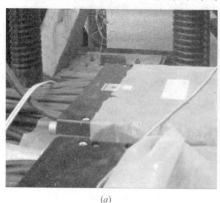
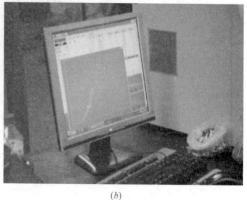

(a)　　　　　　　　　　　　　　　　　　　(b)

图 8.17　IMC 数据采集系统

Fig. 8.17　IMC data acquisition system

（a）采集板；（b）成像系统

有对单一通道进行连续数据采集和观察的功能，利用这一功能，可以对试件加载及持载过程中施加的荷载进行很好的测量及控制。试验前需对所有传感器和应变片进行标定，并将其连接到 IMC 应变采集系统上，运用 IMC 数据采集系统的功能对所有传感器和应变片进行复位和平衡。

图 8.18　试验配置
Fig. 8.18　Testing configuration
(a) 整体布置情况；(b) 竖向位移计；(c) 磁力底座布置；(d) 位移计细部

　　试验具体操作过程中，首先将试件放在试验台十字星正中，然后用细砂对构件上下水平面进行找平，再用水平尺进行校正，保证构件处于轴心受压的状态。接着将应变片，位移计连接到 IMC 数据采集系统，调试数据采集板。实验开始以后，先进行预加载，等数据稳定以后开始以恒定速率持续加载，直至混凝土短柱彻底破坏停止加载。试验过程中需记录柱子开裂荷载和极限荷载，注意观察柱身具体破坏形式、保存试验数据。最后完成试验后，清理现场。

8.3　试验结果分析

8.3.1　破坏形态

　　此次试验构件破坏形态分为轴压破坏和劈裂破坏。轴压破坏开始于柱身中部，加载开始后，首先是纵向出现小裂缝，而后随着荷载逐渐增加，裂缝发展迅速，横向裂缝也在此时出现，柱身四周混凝分崩离析，发生破坏。具体见图8.19、图 8.20。

(a)　　　　　　　　　　(b)

图 8.19　轴压破坏形态

Fig. 8.19　Failure modes of axially loaded specimens

(a) 筋体直径为 12mm；(b) 筋体直径为 10mm

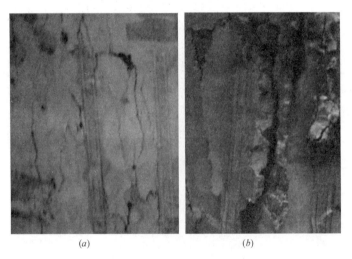

(a)　　　　　　　　　　(b)

图 8.20　柱身破坏详图

Fig. 8.20　Detailed failure phenomenon

(a) 筋体直径为 12mm；(b) 筋体直径为 10mm

　　柱子的粘结劈裂破坏的机理是由于柱子的两端弯矩旋转方向相同，使得柱子每一侧的纵向都是一侧为受拉 GFRP 筋，另一侧为受压 GFRP 筋。这就使得整段筋体表面作用于混凝土的力的方向是相同的，因此，GFRP 筋和混凝土之间需要较大的粘结力。当粘结力不足后，GFRP 筋和混凝土之间会产生相对滑移，最终产生粘结劈裂破坏。

　　劈裂破坏首先开始于混凝土保护层处发生纵向裂缝，柱头部位存在的薄弱点发生混凝土压碎破坏，柱身存在一定程度倾斜。如图 8.21、图 8.22 所示。

图 8.21　浸泡 120 天的直径 8、10、12 柱劈裂破坏图

Fig. 8.21　Splitting failure of specimens with diameter of 8mm，10mm and 12mm after 120 days immersion corrosion

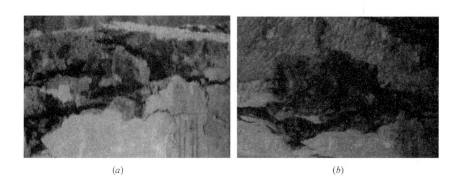

(a)　　　　　　　　　　　　　　　(b)

图 8.22　浸泡 120 天的直径 8、10、12 柱劈裂破坏详图

Fig. 8.22　Detailed failure mode of specimens of diameter with 8mm，10mm and 12mm after 120 days immersion corrosion

　　在试验过程中，未浸泡试件受压破坏形式基本都是轴压破坏，而随着浸泡时间的增加，劈裂破坏出现的概率越来越大。说明变截面等危险薄弱部位随着浸泡

时间的增加受到腐蚀逐渐严重，或者柱体内部的 GFRP 筋与混凝土的粘结性下降，更容易产生劈裂破坏，如图 8.23 所示。

(a)　　　　　　　　　　　　　　　　　　　(b)

(c)

图 8.23　不同浸泡时间直径 8、10、12 柱破坏图

Fig. 8.23　Failure mode of specimens of diameter of 8mm，10mm and 12mm after immersion corrosion of different time

（a）未浸泡直径 8、10、12 柱破坏情况；（b）浸泡 80 天直径 8、10、12 柱破坏情况；
（c）浸泡 120 天直径 8、10、12 柱破坏情况

在柱子加载过程中，裂缝的出现并不明显而且没有普通混凝土柱子的屈服阶段，破坏的时候非常突然，发出很大的响声，混凝土被彻底压碎，这主要由于 GFRP 筋是脆性材料，它的应力应变呈现线性关系。构件破坏之后，剥落混凝土后发现 GFRP 筋与混凝土的粘结性不是很好，而且随着浸泡时间的增加粘结性能越来越差。同时发现 GFRP 筋的碎裂的部位一般都是受到箍筋和混凝土共同作用的部位，这是因为二者阻止了 GFRP 筋的局部弯曲。

8.3.2　试验结果

根据试验中 12 根混凝土短柱的极限荷载值，绘制了 GFRP 筋混凝土的极限荷载柱形图见图 8.24。通过图 8.24 我们可以清晰地看到，相同的 GFRP 筋混凝土柱随着浸泡时间的增加，极限荷载值都是先增大后减小的趋势。

图 8.24 中 12-0 代表 GFRP 筋直径为 12mm 的柱子浸泡时间为 0 天，12-40 代表浸泡 40 天，12-80 代表浸泡 80 天，12-120 代表浸泡时间为 120 天，依此类推。

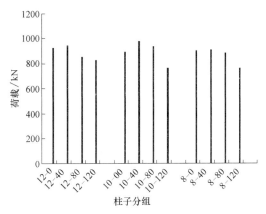

图 8.24　承载力试验结果

Fig. 8.24　Test results of bearing capacity

GFRP 筋混凝土柱的极限承载力在腐蚀四十天左右均有少许增加，最大增加 7％左右，然后随着腐蚀时间的增加，极限承载力又逐渐变小，最多减少 12％左右。这是因为腐蚀初期氯盐与混凝土溶质组分发生化学反应生成碱式盐，属于膨胀物，填满了混凝土内部的缝隙和空隙，使得混凝土的强度得以提高，但是随着腐蚀的继续，反应物越来越多，体积也逐渐膨胀，随着浸泡时间的增加，当膨胀力超过混凝土抗拉强度时，孔隙会被扩展，使腐蚀得以深入混凝土内部，扩展了的孔隙增大了混凝土的初始损伤，同时生成的含氯的碱式盐开始溶解，并且随着浸泡时间的增加，箍筋的腐蚀更加严重。对于轴心混凝土约束能力减弱，GFRP 筋也开始受到氯盐的侵蚀，在多种因素作用下，柱子在受压状态下会表现为强度的下降。

8.3.3　混凝土柱荷载-变形关系

图 8.25 为 3 根的 $\phi 8$、$\phi 10$、$\phi 12$ 的未浸泡柱子的荷载位移曲线。试验过程中，随着荷载的增加，柱了变形逐步增大，荷载和变形基本为线性关系。GFRP 筋为脆性材料，柱子并没有普通钢筋混凝土柱的屈服阶段，破坏时比较突然，并且发出巨大响声。

柱子纵向位移变化很小，故本文直接取 0 天与 120 天进行对比，以观察其变化趋势。图 8.26 为未浸泡的柱子与浸泡 120 天后，柱子的荷载应变曲线的对比。可以看出浸泡 120 天后，在相同力的作用下柱子的纵向变形更大，密实度较差。120 天时混凝土内部的膨胀物早已溶解，箍筋约束能力减弱，腐蚀深入到混凝土

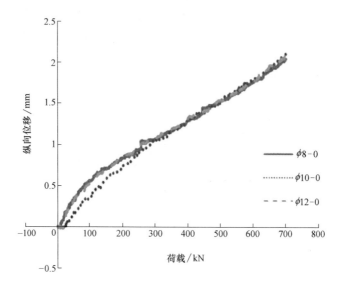

图 8.25　直径 8、10、12 柱荷载-应变曲线

Fig. 8.25　Load-strain curves for specimens with diameters of 8mm，10mm and 12mm

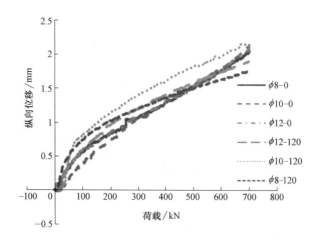

图 8.26　直径 8、10、12 柱浸泡 0 天和 120 天的曲线对比

Fig. 8.26　The comparison of longitudinal displacement-load curves for the specimen with diameters of 8mm，10mm，and 12mm after 0 and 120 days immersion corrosion

内部，而且柱子的荷载应变曲线已经不再呈线性关系，说明氯盐已经穿过混凝土保护层，GFRP 筋受到腐蚀。

8.3.4 不同浸泡时间下混凝土荷载-应变关系

试验得到 GFRP 筋混凝土柱最大荷载及其对应的混凝土应变，相应的荷载-应变曲线如图 8.27～图 8.29 所示。

不同浸泡时间下 $\phi8$ 混凝土柱最大荷载与混凝土应变　　表 8.6

The maximum load and strain of concrete of $\phi8$ concrete column under different immersion time

Table 8.6

浸泡时间 （天）	荷载最大值 （kN）	最大荷载对应混凝土应变 （$\times10^{-6}$）
0	906.4	2332
40	908	2070
80	887.1	2885
120	766.4	2768

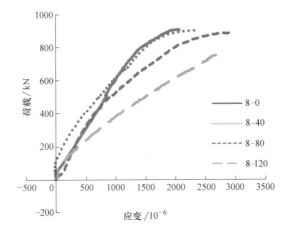

图 8.27　$\phi8$ 混凝土柱不同浸泡时间下混凝土的荷载应变曲线

Fig. 8.27　Load-strain curves of specimen with 8mm GFRP bars under different time of immersion corrosion

对于 GFRP 筋直径为 $\phi8$ 的柱子，浸泡 120 天时承载力损失了 15.4%，浸泡 80 天时承载力损失 13.6%；浸泡 40 天时候承载力损失并不明显。随着浸泡时间的增加，承载力损失也越大。120 天时表面混凝土应变增加量为 18.70%，80 天时表面混凝土应变增加量为 23.7%。

直径为 $\phi10$ 的 GFRP 筋混凝土柱，浸泡 120 天时柱子承载力损失了 14.4%，浸泡 40、80 天时承载力分别增加 1.6%，5.02%。随着浸泡时间的增加，柱子承载力损失也越大。浸泡 120 天时表面混凝土应变增加量为 62.80%，浸泡 80 天时混凝土应变增加量为 30.7%。

不同浸泡时间下 $\phi10$ 混凝土柱最大荷载与混凝土应变   表 8.7

The maximum load and strain of concrete of $\phi10$ concrete column under different immersion time

Table 8.7

浸泡时间 （天）	荷载最大值 （kN）	最大荷载对应混凝土应变 （$\times10^{-6}$）
0	893.6	2229
40	908.3	3130
80	938.5	2915
120	764.9	3630

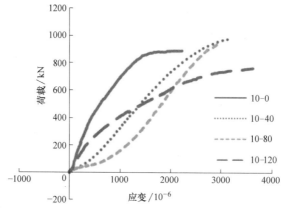

图 8.28 $\phi10$ 混凝土柱不同浸泡时间下混凝土的荷载应变曲线

Fig. 8.28   Load-strain curves of specimen with 10mm GFRP bars under different time of immersion corrosion

直径为 $\phi12$ 的 GFRP 筋混凝土柱，浸泡 120 天时承载力损失了 10.2%，浸泡 80 天时承载力损失 7.6%，浸泡 40 天时承载力增加 2.6%。随着浸泡时间的增加，承载力损失也越大。浸泡 120 天时混凝土应变增加量为 23.7%，浸泡 80 天时应变增加量为 4.5%。

不同浸泡时间下 $\phi12$ 混凝土柱最大荷载与混凝土应变   表 8.8

The maximum load and strain of concrete of $\phi12$ concrete column under different immersion time

Table 8.8

浸泡时间 （天）	荷载最大值 （kN）	最大荷载对应混凝土应变 （$\times10^{-6}$）
0	924.1	2572
40	948.1	3052
80	853.3	2689
120	829.3	3182

通过表面混凝土应力应变曲线可以明显地看出，随着浸泡时间的增加，峰值荷载不断降低且峰值应变不断增大，在相同力的作用下的混凝土应变也越来越

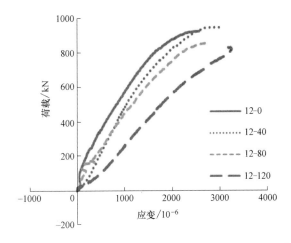

图 8.29 ϕ12 混凝土柱不同浸泡时间下混凝土的荷载应变曲线

Fig. 8.29 Load-strain curves of specimen with 12mm GFRP bars under different time of immersion corrosion

大，曲线更加平缓。说明氯离子逐渐渗透混凝土进入内部，混凝土内部腐蚀越来越严重，柱子的外部与内部产生了大量的微小裂缝，内部成分同氯盐发生了严重的化学反应，孔洞空隙增加变大，所以承载能力也越来越弱。在开始加载后的一段时间内曲线呈线性变化，随着荷载的不断增大，混凝土应变与荷载开始呈非线性变化，曲线趋于平缓，混凝土此时已经产生了部分塑性变形而且横向应变也开始增大，随着横向应变的不断增加最终柱子横向膨胀而破坏。

8.3.5 不同浸泡时间下 GFRP 筋荷载-应变关系

试验得到 GFRP 筋混凝土柱最大荷载及其对应的 GFRP 筋应变见表 8.8～表 8.10，相应的荷载-应变曲线如图 8.30、图 8.31 所示。

不同浸泡时间下纵筋直径为 ϕ8 GFRP 筋混凝土柱最大荷载与对应的 GFRP 筋应变

表 8.9

The maximum load and strain of GFRP bars of ϕ8 concrete

column under different immersion time

Table 8.9

浸泡时间 （天）	荷载最大值 （kN）	最大荷载对应混凝土应变 （$\times10^{-6}$）
0	906.4	2363
40	908.0	2481
80	887.1	2710
120	766.6	2669

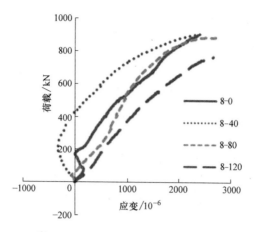

图 8.30　不同浸泡时间下纵筋直径为 φ8 GFRP 筋混凝土柱
与对应的 GFRP 筋荷载-应变曲线

Fig. 8.30　Load-strain curves of 8mm longitudinal GFRP bars in the specimen
with different immersion corrosion time

不同浸泡时间下纵筋直径为 φ10 GFRP 筋混凝土柱最大荷载与对应的 GFRP 筋应变

表 8.10

The maximum load and strain of GFRP bars of φ10 concrete column under different immersion time

Table 8.10

浸泡时间（天）	荷载最大值（kN）	最大荷载对应混凝土应变（×10⁻⁶）
0	893.6	2456
40	980.3	2405
80	938.5	2554
120	764.9	2724

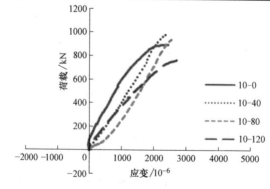

图 8.31　不同浸泡时间下纵筋直径为 φ10 GFRP 筋混凝土柱与对应的 GFRP
筋荷载-应变曲线

Fig. 8.31　Load-strain curves of 10mm longitudinal GFRP bars in the specimen with different
immersion corrosion time

不同浸泡时间下纵筋直径为 ϕ12 GFRP 筋混凝土柱最大荷载与对应的 GFRP 筋应变

表 8.11

The maximum load and strain of GFRP bars of ϕ12 concrete column under different immersion time

Table 8.11

浸泡时间 （天）	荷载最大值 （kN）	最大荷载对应混凝土应变 （$\times 10^{-6}$）
0	924.1	2103
40	948.1	1893
80	853.3	2078
120	829.3	2044

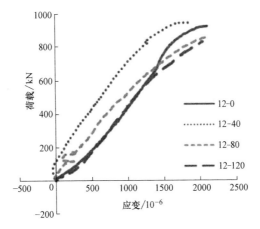

图 8.32　不同浸泡时间下纵筋直径为 ϕ12 GFRP 筋混凝土柱与对应的
GFRP 筋荷载应变曲线

Fig. 8.32　Load-strain curves of 12mm longitudinal GFRP bars in the specimen
with different immersion corrosion time

　　图 8.32 为 GFRP 筋直径分别为 ϕ8、ϕ10、ϕ12 的短柱在不同浸泡时间下 GFRP 筋的荷载-应变曲线。可以看出，随着浸泡时间的增加，GFRP 筋的应变逐渐增加，但是应变的变化幅度要小于混凝土应变变化幅度，并不十分明显。分析其原因主要是 GFRP 筋受到混凝土保护层的保护。众所周知 GFRP 筋的耐腐蚀性较钢筋强许多。全浸泡试验加速腐蚀的效果并不是非常良好，要弱于冻融循环、浸烘循环等加速试验方法。40 天时应变变化并不明显。ϕ8GFRP 筋浸泡 120、80、40 天后应变改变量为 12.9%、14.6%、4.9%。ϕ10GFRP 筋浸泡 120、80 天后应变改变量为 10.9%、3.9%。ϕ12GFRP 筋浸泡 120、80、40 天后应变改变情况趋势并不明显，而 ϕ8、ϕ10GFRP 筋虽有变化，但是变化幅度都不大，表明腐蚀情况并不严重，耐海水腐蚀性能越好。

随着在溶液中浸泡时间的增长，GFRP 筋腐蚀程度与直径关系明显。试验发现直径较小的 GFRP 筋腐蚀程度要低于直径较大的 GFRP 筋，直径越大的 GFRP 筋，耐腐蚀性越好，原因可能与其内部纤维与树脂受腐蚀程度较低有关。

一般 GFRP 筋受氯盐腐蚀的过程是这样的：树脂基体吸水后膨胀，在纤维与树脂结合界面产生拉应力。氯离子的渗透作用导致内部的拉应力不断地增大而产生微裂缝，内部界面结合力下降，纤维与树脂界面处发生水解反应，结合力降低，同时外界氯离子通过 GFRP 筋表面的微观缺陷，经过一系列复杂的物理化学过程与水分子一起扩散进入到筋体内部，侵入筋体内部的氯离子，一般以自由离子状态存在于 GFRP 筋纤维与树脂间的孔隙中。试件浸泡时间越长，水的扩散率越大，基体内渗入的各种有害离子也就越多，界面结合力下降也就越大。

8.3.6　GFRP 筋混凝土荷载-应变关系

图 8.33～图 8-35 为未浸泡的不同直径的 GFRP 筋混凝土柱的 GFRP 筋与其表面混凝土的应力-应变曲线。随着荷载的增加，二者基本呈线性关系，直至破坏。

混凝土表面应变与 GFRP 筋的应变曲线趋势基本一致，说明在轴心受压状态下 GFRP 筋与混凝土的应变具有一致性，而混凝土表面的横向应变说明在荷载的作用下，GFRP 筋混凝土柱逐渐产生了横向变形，GFRP 筋混凝土柱纵向细微裂缝由于横向变形达到极限状态而出现，此时混凝土保护层开始脱落，同时可以看出 GFRP 筋与混凝土的粘结性能较差，随着直径的增加粘结性能逐渐降低。对于筋直径为 $\phi10$、$\phi12$ 的 GFRP 筋混凝土柱，GFRP 筋与混凝土粘结性较 $\phi8$ 的筋差了很多，直径越大的 GFRP 筋与混凝土的粘结性越差。

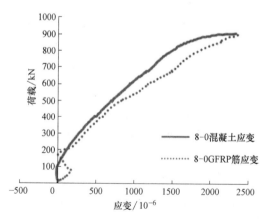

图 8.33　未浸泡直径为 $\phi8$GFRP 筋与混凝土荷载-应变曲线

Fig. 8.33　Load-strain curve of 8mm GFRP bars and concrete at the same location

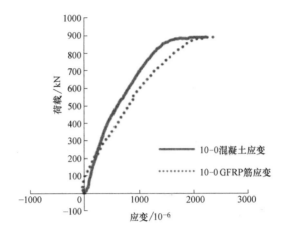

图 8.34　未浸泡直径为 ϕ10GFRP 筋与表面混凝土荷载-应变曲线

Fig. 8.34　Load-strain curves of 10mm GFRP bars and concrete at the same location

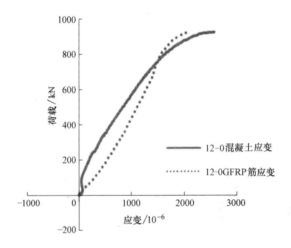

图 8.35　未浸泡直径为 ϕ12 GFRP 筋与表面混凝土荷载-应变曲线

Fig. 8.35　Load-strain curves of 12mm GFRP bars and concrete at the same location

　　图 8.36 为不同浸泡时间下柱子表面横向应变的变化情况，可以看出随着浸泡时间的增加，横向应变峰值呈增大趋势，这也从侧面说明了不同时间下柱的腐蚀程度的大小。浸泡越久，腐蚀越严重。也可发现轴压情况下 GFRP 混凝土柱混凝土的横向应变要远小于纵向应变。选取直径最大、浸泡时间最长的 ϕ12GFRP 的柱子为例，图 8.37、图 8.38 为浸泡 80、120 天后的 GFRP 筋与混凝土的应力-应变曲线。

　　对比图 8.35，可以看出筋直径为 ϕ12 的 GFRP 混凝土柱在浸泡 80、120 天之后，在进行轴心受压时，出现了明显的粘结滑移，这可能是氯盐的腐蚀导致 GFRP 筋与混凝土的粘结性能下降。

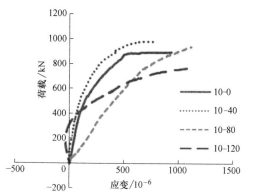

图 8.36　直径为 ϕ10 GFRP 筋混凝土柱不同
浸泡时间下混凝土横向应变

Fig. 8.36　Transverse strain of 10mm
GFRP bar reinforced concrete with
different immersion corrosion time

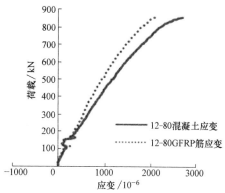

图 8.37　浸泡 80 天 ϕ12 筋混凝土荷
载-应变曲线

Fig. 8.37　Load-strain curve of 12mm
GFRP bar reinforced concrete with
80 days immersion corrosion

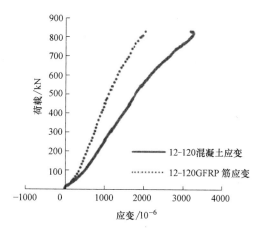

图 8.38　浸泡 120 天 ϕ12 筋混凝土荷载-应变曲线

Fig. 8.38　Load-strain curve of 12mm GFRP bar reinforced concrete
with 120 days immersion corrosion

8.4　小结

本章通过 4 组共 12 根 GFRP 筋混凝土短柱在海水环境下的加速老化试验，探讨不同浸泡时间、不同 GFRP 筋直径的 GFRP 筋混凝土柱的力学性能改变情况，得到了下列结论：

（1）GFRP 筋混凝土柱设置了柱头柱脚可以防止端部开裂，使柱在受压过程中保持稳定，保证轴心加载。

（2）GFRP 筋混凝土柱破坏形式有两种：轴压破坏和劈裂破坏。随着浸泡时间变长，试件劈裂破坏的出现概率不断增加。试验过程中柱子破坏比较突然，出现很大响声，无屈服阶段。

（3）GFRP 筋混凝土柱承载力随时间变化规律是先增大后减小。40 天至 80 天左右达到最大值而后开始逐渐降低。

（4）随着浸泡时间增加，GFRP 筋与混凝土的峰值应变，峰值应变越来越大，腐蚀越来越严重。